教育部人文社会科学研究青年基金项目 (23YJCZH315)
山西省基础研究计划自由探索类青年科学研究项目 (202303021212076)
数据要素创新与经济决策分析山西省重点实验室

资助

并网型微电网
源荷预测及优化运营管理研究

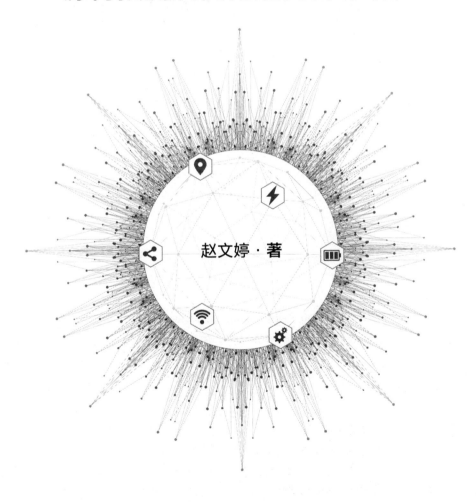

赵文婷·著

中国财经出版传媒集团

经济科学出版社
Economic Science Press

·北 京·

图书在版编目（CIP）数据

并网型微电网源荷预测及优化运营管理研究／赵文婷
著 . -- 北京：经济科学出版社，2025.6. -- ISBN
978 - 7 - 5218 - 6895 - 1

Ⅰ. TM727

中国国家版本馆 CIP 数据核字第 20251J26E9 号

责任编辑：张　燕
责任校对：徐　昕
责任印制：张佳裕

并网型微电网源荷预测及优化运营管理研究

BINGWANGXING WEIDIANWANG YUANHE YUCE JI
YOUHUA YUNYING GUANLI YANJIU

赵文婷　著

经济科学出版社出版、发行　新华书店经销
社址：北京市海淀区阜成路甲 28 号　邮编：100142
总编部电话：010 - 88191217　发行部电话：010 - 88191522
网址：www. esp. com. cn
电子邮箱：esp@ esp. com. cn
天猫网店：经济科学出版社旗舰店
网址：http://jjkxcbs. tmall. com
北京季蜂印刷有限公司印装
710×1000　16 开　12 印张　200000 字
2025 年 6 月第 1 版　2025 年 6 月第 1 次印刷
ISBN 978 - 7 - 5218 - 6895 - 1　定价：79.00 元
（图书出现印装问题，本社负责调换。电话：010 - 88191545）
（版权所有　侵权必究　打击盗版　举报热线：010 - 88191661
QQ：2242791300　营销中心电话：010 - 88191537
电子邮箱：dbts@ esp. com. cn）

前　言

　　发展可再生能源可以有效降低对化石燃料的依赖以及减少环境污染。传统的集中式发电和远距离传输的电网结构虽然运行稳定，但是也存在机组启动不够灵活、传输成本高以及供电形式单一等问题。开发和延伸微电网能够促进分布式电源大规模接入，解决可再生能源就地消纳问题。而微电网系统中的分布式发电具有很强的波动性，高效和安全的微电网电力交易以及能量调度是促进分布式能源就地消纳和保障微电网安全经济运行的关键。同时，随着储能技术的加入使得微电网市场中参与交易的市场主体变得多元化，能源交易的去中心化模式可以有效降低能源市场的管理运营成本，但是存在一定的信息安全隐患。此外，微电网交易市场与电力调度机构的相对独立，会造成一定程度的资源浪费，从而降低了微电网整体运营效率。因此，构建一个灵活的、高效的、安全的微电网交易平台和微电网电力调度系统对微电网的发展、微电网技术的发展和推广乃至新能源的发展有着重要的意义。

首先，本书梳理了微电网运营管理的研究进展与理论，深入分析了并网型微电网运营管理的理论基础和管理内容，揭示了发电侧发电预测与微电网交易市场运营、需求侧负荷预测与微电网交易市场运营，以及微电网交易市场与调度运行之间的逻辑联系，从而构建了并网型微电网源荷预测及优化运营管理模式的总框架。

其次，进一步对并网型微电网发电侧光伏和风力发电预测，以及需求侧微电网用户负荷预测的必要性进行探究。在发电侧出力预测部分，先对粒子群算法（particle swarm optimization，PSO）进行改进，将改进的粒子群优化算法（APSO）优化 K-means 算法从而对光伏和风电预测数据集进行相似日筛选，然后分析了光伏及风电历史数据和影响因素的特点，构建基于相似日优化和随机森林的光伏及风电场出力预测模型，以提高光伏发电和风力发电预测的准确性。在需求侧用户负荷预测部分，根据电力负荷数据的类型及特点，使用优化的 K-means 算法 APSO-K-means 进行相似日筛选，然后构建自适应权重组合预测模型 APSO-ARIMA-SVR 以提高组合预测模型的泛化性，从而提高微电网需求侧用户负荷预测的准确性。发电预测以及用户负荷预测方法的确定为后续并网型微电网优化运营管理模式提供了重要依据并奠定了基础。

再次，根据目前微电网市场存在的问题以及安全高效的要求，对并网型微电网的市场运营主体的利益博弈与均衡进行研究，并构建并网型微电网电力交易市场运营模型。先分析了目前电力市场交易模式的研究现状及局限性，探讨微电网交易市场的特点和亟待解决的问题，发现去中心化交易模式可以降低交易市场的运营成本，提高交易效率。然而，没有中间商运营的去中心化交易模式，存在安全性低的缺点。鉴于此，本书基于纳什均衡理论提出了一种适用于并网型微电网电力市场的交易策略。然后引入联盟区块链技术，保证交易过程的安全性和透明性。从而构建基于纳什均衡和联盟区块链技术的并网型微电网交易市场，打破传统的微电网市场交易模式，在提高电力交易效率，降低运营成本的同时，确保交易过程的安全。

最后，本书在并网型微电网交易市场研究的基础上，对并网型微电网市场交易下电力调度优化策略进行了研究。微电网系统经济性运行的基础是能量调度优化控制策略。通常，交易市场与调度机构是相对独立的，这样，可能会导致资源的优化配置效率较低，出现能量损失和浪费的情况，同时也会导致整体微电网的运行效率较低。将微电网电力交易市场与调度运行系统耦合，以电力市场来指导调度系统运行，可以提高微电网整体的灵活性，减少对电网的冲击，提高运行效率，节约微电网运营成本。因此，基于微电网电力市场交易信息，提出以交易市场指导调度系统的运行方案，使用松鼠优化算法对微电网系统构建调度优化模型，对提高能量调度策略的自适应性具有重要的理论与应用价值。故本书在准确获取微电网新能源出力信息及负荷的基础上，依据微电网市场交易信息，制定合理的优化调度方案。并根据上述研究结果，对并网型微电网源荷预测及优化运营管理提出建议。

本书对并网型微电网运营优化管理模式的研究，有助于有效落实国家节能减排工作，提升我国微电网发展整体技术水平，有助于微电网合理调配电网电量，优化资源配置。同时，充分利用新能源电力，对推进微电网并网建设和环境保护有重要意义。此外，本书研究的并网型微电网优化运营管理模式对新能源电力企业管理理论的发展也具有一定的学术价值。

目　录

第 1 章

微电网系统概述

1.1　微电网的基本概念

传统的大型电力系统一般依赖传统的化石能源，如煤、天然气和石油，这些化石能源或多或少会对环境造成一定的污染。此外，远距离高压输电线路从大型集中式的发电厂向用户输送电力，会造成一定的输电损耗。随着分布式发电和储能技术的发展，人们对清洁、安全可靠和价廉的电能需求正在推动着电力系统的变革。根据美国能源部的定义，微电网是"一组相互连接的负载和分布式能源，具有明确定义的电气边界，作为电网的单一可控实体，可以连接和断开电网，使其能够在并网或孤岛模式下运行"。依据这个定义，微电网应该具备这些特征：微电网应该具备明确定义的电气边界，必须有一个主控制器作为一个单独的可控实体来控制和操作分布式发电系统和负载，安装的发电容量必须超过峰值临界负载，因此它可以与大电网断开，切换到孤岛模式，并供应本地临界负载。这些特征进一步将微电网表示为具有自供电和孤岛能力的小规模电力系统，能够产生、分配和调节流向本地用户的电力。微电网不仅仅是备用发电，备用发电机组已经存在了相当长一段时间，以便在公用电网供电中断时向当地负荷提供临时电力供应。然而，微电网具有更多的优势，并且比备用发电更加灵活。

微电网的主要部件包括负载、分布式发电系统、开关及保护装置，此外，还应该具备通信、控制和自动化系统。微电网负载通常分为两种类型：固定和柔性（也称为可调或响应）。固定负载不能改变，必须在正常运行条件下满足，而柔性负载对控制信号有响应。柔性负载可以根据经济激励或孤岛要求进行缩减（即可缩减负载）或推迟（即可移动负载）。分布式发电系统由分布式发电装置和分布式储能系统组成，可安装在电力设施或用户的房屋内。可再生的分布式发电由于可再生能源的波动性而产生不稳定的间歇性输出功率。这些特征增加了系统发电侧的预测误差，因此这些单元通常用储能系统来加强。储能系统的主要功能是与分布式电源进行协调，保证微电网发电充足。储能系统也可以用于能源交易，在市场价格高时，以低价储存的电量输送给微电网。储能系统在微电网孤岛应用中也发挥着重要作用。智能开关和保护装置通过连接和断开线路流来管理微电网中分布式发电系统和负载之间的连接。当微电网中部分出现故障时，智能开关和保护装置会断开问题区域并重新布线，防止故障在微电网中传播。公共耦合点的开关（point of common coupling，PCC）可以控制微电网与大电网的连接或断开来实现微电网的并网或孤岛模式。微电网主控制器可以根据经济和安全考虑来执行微电网在并网和孤岛模式下的调度。

总体而言，微电网系统可以大量接入多种类型的分布式能源，在确保满足需求侧用户负荷的情况下，尽可能地减少传统能源发电系统的使用，形成多能互补的综合能源系统，从而促进分布式能源的就地消纳，提高能源的利用效率，减少资源浪费，推动电力系统的转型和发展。

1.2 微电网的类型

1.2.1 按运行模式分类

按运行模式分类，微电网可以分为并网型微电网和孤岛型微电网。

并网型微电网是指将多个分布式电源（包括可再生能源和传统能源）和负载通过电力电子设备相互连接，形成一个电力系统。该系统既可以独立运行，也可以与公共电网相互连接，实现电力的互补、共享和优化。并网型微电网通过将可再生能源（如太阳能、风能）输出的直流电转化为与电网电压同幅、同频、同相的交流电，实现与外部电网的互联。当外部电网出现故障时，微电网能迅速切换为离网模式，保证供电的稳定性。在可再生能源丰富时，微电网系统在给交流负载供电的同时将富余的电能送入电网，获取收益；而当可再生能源不足时，则从电网获得电能为负载供电。

孤岛微电网是一种独立的电网系统，由发电设备、储能装置、电力负荷和控制设备构成。该系统在与主电网断开连接后，能依靠自身发电和储能能力满足负荷需求。孤岛微电网的特点包括独立性、灵活性和可靠性，意味着它能独立运行，根据需求灵活调整，并在主电网故障时为关键负荷提供持续电力。运行模式主要有两种：一种是计划性孤岛，即在主电网正常运行的情况下，根据需要将部分负荷从主电网中分离出来，形成孤岛运行；另一种是非计划性孤岛，通常是主电网故障导致部分区域与主电网断开连接，自动形成孤岛运行。在非计划性孤岛运行中，需要快速检测和隔离故障，确保孤岛微电网的稳定运行。

1.2.2 按规模分类

按规模分类，微电网可以分为小型微电网、中型微电网和大型微电网。

小型微电网规模较小，主要用于小区、工厂等小范围供电。其容量小于 500 千伏安（kVA），适用于小范围的电力需求。其建设和维护成本较低，适合预算有限的场合，但其供电能力和可靠性相对有限。

中型微电网规模较大，可以满足中等规模的电力需求，例如商业区、学校等。其容量在 500kVA~6 兆伏安（MVA）。其特点是能够在较大范围内提供稳定的电力供应，在成本和供电能力上介于小型和大型微电网之间，适合需要稳定供电的商业和公共设施。

大型微电网规模大，可以满足大规模的电力需求，例如城市、工业园区等。其容量大于 6MVA。其特点是能够提供高可靠性和大容量的电力供应，但建设成本较高。

1.2.3 按应用场景分类

按应用场景分类，微电网可以分为商企建筑微电网、农村微电网、工业微电网、居民户用微电网和偏远地区微电网。

商企建筑微电网通常包含电力、生活热水以及制冷制热等多种能源需求。通过构建以电力为核心的微电网，并集成多种能源形式，可以优化能源结构，提升整体能效，进而降低用能成本。对于医院、数据中心等对电力质量和可靠性要求较高的场所，微电网的深度定制化能够满足其特殊需求。微电网内的分布式电源主要以屋顶光伏为主，同时根据实际需要接入"冷热电"三联供、燃气轮机、地源热泵等设备，容量和电压等级可根据具体情况设定。微电网会根据各类能源的价格波动，灵活调整主要供应能源。通过分布式电源、电热耦合设备或热电联产设备以及燃气轮机等设施，满足系统的综合用能需求。同时，利用各种储能设备如电池、储热和蓄冷设备来调节用能高峰和低谷，以实现经济合理的能源利用。

农村微电网主要建设在拥有发展分布式光伏的土地和屋顶资源的农村村庄和城镇社区，同时，乡村和山区还具备开发风能、水能、生物质能的潜力。村镇社区微电网充分结合了当地的可再生资源，通过储能、可控负荷以及电动汽车等资源的整合，不仅保障了本地能源的稳定供应，还降低了用能成本，推动了村镇向绿色低碳的转型。此外，它也为乡村大规模发展分布式可再生能源提供了可行的解决方案。微电网主要以光伏和储能为主，部分地区还会配置生物质或柴油发电机以保障能源供应。其容量范围从几十千瓦级到兆瓦级不等，电压等级通常为 4 千伏或 10 千伏，在某些规模较大的地区则会采用 35 千伏的电压等级。白天时段微电网会利用光伏和储能来满足居民的用电需求，同时通过平滑联络线的功率波动来优化供电。而在夜晚时段，储能则会在用电高峰时段释放电量，以确保电能的稳定供应。

工业微电网，适用于用户众多、负荷量大且稳定的工业园区。利用园区厂房屋顶和空旷地带，可以构建以分布式光伏和储能为核心的微电网，同时在风能资源充沛的地区，还可以接入分散式风电系统。通过"冷热电"三联供技术、储热和蓄冷设备，该微电网能有效地满足园区的冷、热等多种能源需求。在容量方面，工业园区微电网通常以兆瓦级为单位，电压等级则多为 10 千伏，部分园区也可能采用 35 千伏的电压等级。在园区内，分布式电源会首先被用来满足用电需求，当电力不足时，再由外部电网进行补充。同时，结合电价峰谷机制，储能设备会在电价低廉的时段或分布式电源发电量大的时段进行充电，而在电价高昂的时段则放电，从而进一步降低园区的能源成本。

居民户用微电网，适用于社区或居民区，负荷量小、离散性强。为了满足家庭用电需求并降低能源成本，同时提升居民满意度，居民户用微电网应运而生。这种微电网单元充分利用了住宅屋顶资源，通过光伏发电实现智能调控，并与住宅内的智能家电和电动汽车充电桩相联结。其构成主要以光伏和储能为主，容量大约在10千瓦，电压等级为4千伏。光伏在白天时段会优先满足负荷需求，并同时为储能充电。到了夜晚时段，储能则释放存储的能量来满足负荷的用电需求。特别是在电价峰谷价差较大的地区，居民户用微电网可以通过结合储能进行峰谷价差套利，从而进一步降低家庭的用能成本。

偏远地区微电网，适用于距离城市较远的地区，或西北部以及海岛地区，人烟稀少，风光资源丰富。在偏远地区，由于输配电网延伸困难、燃料运输不便，经常会出现无电或缺电的情况，同时这些地区的生态环境也较为脆弱，容易受到极端恶劣天气的影响。这些地区的负荷主要以居民生活用电为主，负荷分散、功率较小且增长不均。特别是海岛区域，还存在明显的旅游用电负荷的季节性特征。为了解决这些偏远地区的用电问题，微电网技术应运而生。它能够充分利用当地的太阳能、风能、海洋能等可再生资源，为提升当地居民的生活品质提供有力的支持。偏远地区微电网的能源形式多样，包括风能、太阳能、水能、柴油发电和储能等，容量范围从百千瓦级到兆瓦级不等，电压等级则通常选用4千伏、10千伏或35千伏。在典型的运行模式下，微电网会首先充分利用可再生能源来满足居民的用电需求。当风能和太阳能资源不足时，会通过调节柴油发电和储能设备的出力来确保负荷的稳定供电。这种运行方式不仅提高了供电的可靠性，还降低了偏远地区的用电成本。

1.3 并网型微电网的组成与架构

1.3.1 并网型微电网的主要组成

（1）分布式电源。并网型微电网中的分布式电源主要包括太阳能光伏板、风力发电机、燃料电池等可再生能源设备。这些设备通过逆变器与电网相连，能够在并网运行时向电网供电，并在必要时切换到离网模式。

（2）储能系统。储能系统在微电网中起着关键作用，用于储存和调节电能。常见的储能技术包括锂离子电池、钠电池、水系电池和液流电池等。储能系统能够在可再生能源不足时提供电力，确保微电网的稳定运行。

（3）电力电子设备。包括智能功率仪表、柔性直流输电设备、新型台区智能集成终端等。这些设备负责电力传输、整流、调压、逆变、变频等任务，确保电力系统的稳定运行。

（4）控制中心。控制中心负责监控和管理微电网中的各个组成部分。通过软硬件装置实现分布式发电控制、储能并离网切换控制、微电网实时监控和保护等功能。

（5）负荷管理。微电网内的负荷包括各种一般负荷和重要负荷。负荷管理确保电力得到有效利用，通过监测和控制能源组合，平衡能源供需，确保微电网的高效运行。

1.3.2 并网型微电网的基本架构

微电网的运行方式主要分为两种：一种是与大电网的并网运行；另一

种是在紧急情况下与大电网断开连接进入孤岛模式。在与大电网并网运行下，微电网可看作一个简单的电力负荷，从微电网用户的角度来说，微电网又可以作为一个可控的电源。由此可见，并网型微电网不仅可以有效提高可再生能源并网规模，提高可再生能源的利用率，减少环境污染，而且，并网型微电网还能够增加电力用户的购电用能选择，在实现用能多样化的同时，降低用户电力交易成本，提高电力交易的经济性。

电力可靠性技术解决方案联盟（Consortium for Electric Reliability Technology Solutions，CERTS）微电网是一种全新的集成分布式能源方法的典型代表。传统的分布式能源集成方法侧重于相对少量的微源。在电气和电子工程师协会（Institute of Electrical and Electronics Engineers，IEEE）关于与电力系统互连的分布式资源的标准草案 P1547《分布式资源与电力系统的互联标准》中，提到传统的分布式能源集成方法的重点是保证互连发电单元在紧急情况下或遇电网故障时自动关闭。相比之下，CERTS 微电网的设计亮点是可以与大电网连接或断开运行，并在问题解决后重新连接到电网。

微电网架构中，假定负载和微源作为一个提供电力或热量的系统单独运行，其在控制方面具有很强的灵活性，从而实现了微电网作为单个小型受控的电力系统进入大规模的电力系统。微电网中每个微源都具有即插即用的特性，并可以满足本地用户的要求，包括确保本地电力供给的可靠性和安全性。微电网架构中管理的关键在于每个微电源的控制和保护要求，以及电压和潮流控制、孤岛模式期间的负载分担、控制和保护、稳定性以及整体运行。而微电网并网运行的能力以及孤岛模式的平稳过渡是微电网系统的另一个重要功能。

图 1-1 展示了微电网的基本架构。假设电气系统是辐射状的，有三条馈线——馈线 A、馈线 B、馈线 C 和一组负载。其中，微源可以是微型涡轮机、燃料电池或其他分布式发电系统。微电网与大电网的连接需要通过公共耦合点 PCC，但微电网必须满足标准草案 IEEE P1547 中所定义的主要

的接口要求。馈线 A 和馈线 B 上的电源可以随时检查微电源远离公共馈线总线的情况，以减少线路损耗等。与放置在馈线公共总线上的所有电源相比，辐射状馈线上的多个微电源增加了沿馈线的功率流控制和电压调节问题，这种结构可以控制微电网中的微源的接入和断开。每个馈线均有几个功率和电压流量控制器。每个微电源附近的功率和电压控制器向电源提供控制信号，电源将馈线功率流和母线电压调节到能量管理器规定的水平。随着下游负载的变化，调节本地微源的功率从而将总功率流保持在调度水平（Lasseter，2002）。

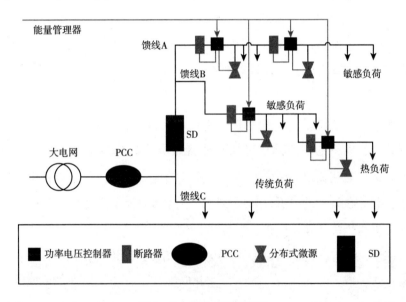

图 1-1　微电网系统结构

资料来源：Lasseter（2002）。

在图 1-1 中，有两个带微源的馈电线和一个不带任何微源的馈电线，以说明选择广泛。当大电网出现故障时，馈线 A 和馈线 B 可以使用分离装置（separation device，SD）使得对敏感负载的干扰降至最低。此外，转化为孤岛模式的前提是有足够的电源来满足敏感负载的需求。馈线 C 主要连接负载，该馈线上分布式发电单元不是必需的，其可以通过 PCC 与大电网进行交互。在孤岛模式中，当微网中的微源发电不足时，断开 SD，切除馈线 C 上的传统负载，以保护关键负载。

该微电网架构包括了三项关键功能：

- 微源控制器：微电网的基本运行依赖于微源控制器。一方面，当馈线上负载改变它们的工作点时，可以调节馈线上的功率流。另一方面，随着系统负载的变化，调节每个微源接口的电压，并确保每个微源在系统孤岛时快速获得其负载份额。除了这些控制功能之外，系统转化孤岛模式和并网模式的能力是微源控制器另一个重要的功能。

- 能源管理器：主要负责向每个微源控制器分配功率和电压。其主要功能是确保微源满足必要的热负荷和电负荷，确保微电网满足与大容量电力供应商的运营合同，确保排放和系统损失降至最低以及最大限度地提高微源的运行效率。

- 保护协调器：保护协调器必须对系统和微电网故障作出响应。对于电网故障，期望的响应是尽可能快地将微电网的临界负载部分与电网隔离，以保护这些负载。微电网与电网隔离的速度将取决于微电网上的特定用户负载。在某些情况下，如果故障发生在微电网的孤岛运行期，理想的保护是隔离传统负载，保护关键负载。

综上，微电网能够通过 PCC 与大电网相连并网运行，也可以通过 PCC 切断连接，进入孤岛运行。其中，在并网模式下，为了降低微电网交易市场运营收益，提高其经济效益，需对微电网系统发电侧发电能力、储能水平以及负荷作出准确的评估和预测，并在此基础上制定对应的交易策略和运行方案，以在调节微电网系统内部供需平衡的基础上，提高微电网交易市场用户收益，实现微电网环保、经济、稳定可靠的运行目标。

第 2 章

微电网优化运行基本理论与研究方法

2.1 微电网并网运行
管理的发展现状

2.1.1 微电网并网运行总则

微电网能够接入各类分布式电源，高效地利用可再生能源，可以解决分布式发电单机接入成本高、并网运行控制困难等问题，减少分布式电源接入对电网的影响。微电网在并网运行时，根据微电网与大电网之间的功率交换情况，可以将其运行方式分为普通并网和并网不上网。

微电网中包含分布式能源、负载、储能等多种单元，不能简单地将其视为一个电源或者负荷。而微电网中分布式电源存在出力不稳定的问题，具有较强的波动性，使其运营管理更加复杂。因此，当多种形式的分布式电源及储能装置通过微网的形式与大电网相连时，微网与大电网之间的相互作用将十分复杂，会对彼此的运行特性产生较为重要的影响，例如电压波动、电压闪变等（杨刚，2016）。微电网并网输出功率大小也同样会对电网潮流造成影响，随之线路上的损耗也会因此发生变化。微电网中分布式电源并网大部分均是利用电力电子技术，其必然会给系统引入一定的谐波污染（缪惠宇，2019）。

由于微电网内部电源以可再生能源发电为主，其发电的随机性增加了微电网功率控制的难度。同时，分布式电源大多通过电力电子装置接入微电网，微电网不再有大电网的"惯性"或"鲁棒性"，多微源的协调运行是大电网中没有而微电网需重点解决的问题。

因此，鉴于微电网系统管理的复杂性，对于微电网并网运行需要遵循最基本的原则，即微电网在并网运行和解列时不能对电网以及电网中的其他用户产生不利影响，且需在电网运行管理部门的建议和监督下合理选择接入点、接入容量和接入方式。一般情况下，微电网的总容量不超过上一级变压器供电区域内最大负荷容量的 1/4 或者最小负荷容量的 1/3。由于微电网自身的复杂性以及并网运行需遵循严格标准，因此，微电网的运营和控制对微电网的并网运行至关重要。

2.1.2 并网型微电网建设发展概况

微电网技术有助于促进能源互联网、智能电网的发展，因此微电网在全球得到了有力的推动，但目前更多处于实验室研究和小规模示范应用阶段。各国因自身能源结构、经济规模及电网基础设施的差异，在微电网与分布式发电技术的研发重点和发展目标上呈现显著差异性特征。

欧盟的微电网建设侧重于发电侧，以接入大规模分布式能源和碳减排为目标，通过建设密集的高压直流输电线路，将分散的欧洲各国电力市场连接起来组成一个电力市场，实现能源互补。美国微电网发展更侧重于配电侧和用电侧，并关注电力交易模式的开发与应用，以开发分布式能源发电与储能技术为目标，并最终发展为高温超导电网。日本由于能源稀缺，则把侧重点放在了分布式发电预测、储能技术，以及供需控制系统研究。此外，由于日本国土以岛为主，因此政府和研究机构更注重孤岛型微电网技术研究和示范工程建设。表 2-1 中列举了国外并网型微电网典型示范项目。

表 2-1　　　　　　　　　国外并网型微电网典型示范项目

地点	参与方	概况
希腊	雅典国家技术大学	实验室微电网系统，包括两台光伏发电机、一台风力发电机、一套储能电池、可控负载以及连接当地低压电网的控制互联。开发了孤岛和并网两种运行模式，局部黑启动策略，以及接地和保护方案，可靠性效益量化方法
西班牙	Labein	位于西班牙巴斯克地区的毕尔巴鄂市，微网设备包括：由光伏发电装置、柴油发电机和风力发电机组成的发电组；储能设备；模拟电网的电力电子发电系统；电阻负载组；用于联网和供电质量优化的技术原型作为功率变换器；电力质量分析设备。该微网开发了用于检验电网互联模式中集中式和分散式控制策略，以及依据西班牙能源市场规则模拟能源交易
荷兰	Germanos，EMforce	位于荷兰 Continuon 的度假村，超过 200 户村舍，每户村舍装有联网的光伏发电设备，共 315 千瓦（kW）。共 4 条 380 伏（V）馈线，每条长约 400 米。以光伏发电为主。既可孤岛运行也可联网运行
法国	ARMINES	位于巴黎矿业学院能源研究中心，由光伏、蓄电池、电机负荷组成，可并网和孤岛运行
美国	CERTS 微电网示范平台	位于俄亥俄州哥伦布市沃纳特测试基地，由三台燃气轮机、三条馈线构成，目标是实现微电网概念提出的 3 个先进技术：微电网并网和孤岛运行模式的自动和无缝切换；不需要过电流触发的微电网内部电气保护；不需要高速通信的微电网控制，并保证孤岛状态下的电压频率稳定

资料来源：北极星智能电网网站。

与欧美国家的发展重点不同，我国需要考虑偏远地区供电问题，此外，在售电侧市场放开的形势下，各类园区也成为配电业务的核心区域，因此我国在首批建设微电网示范工程中比较侧重并网型微电网。2017 年国家发展改革委和国家能源局公布新能源微电网示范项目名单，首批新能源微电网 28 个示范工程项目中，有 24 个并网型微电网。表 2 - 2 中所示为国内典型并网型微电网示范项目概况。

表 2 - 2 国内并网型微电网典型示范项目

项目名称	项目单位	地点	概况
北京延庆新能源微电网项目	北京北变微电网技术有限公司	北京八达岭经济开发区	由北京八达岭经济开发区微电网、人文大学微电网、八达岭经济开发区供暖中心等 6 个微电网构成微电网群；电源由光伏发电 25 兆瓦（MW）、光热发电 2.5MW、风力发电 3MW、天然气热电联供 12.8MW、电储能 12.4MW、热储能 24.4MW 构成；配网为 10kV 单环网结构配电网
太原西山生态产业区新能源示范园区	太原国投产业发展有限公司	山西省太原市西山生态产业区	由玉泉山公园子微电网、爱晚公园子微电网、长风公园子微电网等 19 个微电网组成微电网群；电源由光伏 500MW、风电 60MW、天然气热电联产机组 125MW、抽水储能 400MW、电池储能 60MW、热储能 126MW 组成；配网为 10kV 单环网供电
澳能工业园智能微电网示范项目	澳能（毕节）工业园发展有限公司	贵州省毕节市经济开发区	澳能工业园构建一个微电网；电源由光伏 500kW，压缩空气储能 1.5MW 组成；配网采用 10kV 交流母线并网；负荷为工业园区一期，平均负荷 1000kW
宁夏嘉泽红寺堡新能源智能微电网项目	宁夏嘉泽新能源股份有限公司	宁夏吴忠市红寺堡区	弘德工业园区微电网，与大电网并网运行；电源由屋顶光伏 315kW、地面光伏 60kW、风力 2MW、微燃机 65kW、储能 100kW×4 小时（h）、超级电容 100kW×20 秒（s）组成；配电采用 6 台环网美式箱变，通过 10kV 和 0.4kV 配电；负荷为嘉泽仓储仓库供热以及工业园区辅助供电

续表

项目名称	项目单位	地点	概况
甘肃酒泉肃州区新能源微电网示范项目	肃州区东冻滩光电示范园区管委会	甘肃酒泉肃州区	光电示范园构建微电网，并与大电网并网运行；电源由光伏 60MW、电储能 10MW×2h 组成；配电为 10kV 配电线路单环网建设；常规电力负荷 20MW

资料来源：《国家发展改革委、国家能源局关于印发新能源微电网示范项目名单的通知》。

2017 年国家发展改革委、国家能源局印发《推进并网型微电网建设试行办法》，明确了微电网的市场主体地位和主要权责。此外，对微电网管理方面提出了三点要求：一是健全微电网运营主体管理制度，做好微电网调度、运营及维护管理。二是明确电网企业并网管理要求，签订调度协议，购售电合同等。三是明确微电网监督管理规范和权责，制定合理的输配电价，构建完整的监管制度体系。《推进并网型微电网建设试行办法》的出台，为微电网的并网运行建设指明了发展方向，微电网的并网运行建设应当在电力交易、辅助服务市场机制、微电网分布式能源就地消纳、并网调度以及健全管理机制等方面进行探索和延伸。

我国微电网的发展虽尚处于起始阶段，但微电网的特点适应我国电力发展的需求和方向，具有广阔的发展前景。随着相关政策的不断提出，国家对微电网建设和推进的支持力度不断加大，各项国家标准的发布和实施，促进了微电网产业的规范有序发展。《微电网接入电力系统技术规定》《微电网接入配电网测试规范》《微电网接入配电网运行控制规范》等，这些国家标准的发布实施将为规范微电网的并网运行控制提供有效依据，为我国微电网的技术发展提供引导作用。

2.1.3 微电网并网运营发展现状

2.1.3.1 微电网并网运营业务概况

电能是微电网提供的主要商品，因此功率的流向决定了其业务范围，而运营业务的开展状况是决定微电网营收水平和运营效益的关键。微电网需要向用户提供电能，另外也要通过功率线适时与大电网相互输送电能，因此其运营业务主要包括与用户间的运营业务和与电网间的运营业务。

（1）微电网内部用户业务概况。

微电网内部用户业务往来主要体现在微电网内部售电以及用户侧的需求响应两个方面。售电业务是微电网与用户间的主营业务。微电网供电需要确保"质"和"量"。其中，"质"主要指微电网要确保可以提供优质的电能，且保证其可靠性，即电压、频率质量等电能质量和可靠性指标均满足要求。"量"主要体现在微电网供电量应满足负荷需求。对于微电网电能交易商业模式方面，微电网应具备灵活的交易模式，提供的电能较大电网应更经济实惠，吸引微电网用户选择微电网供电，这也是未来微电网大规模市场化发展的必要前提。

在业务开展方面，微电网运营商应先明确不同用户负荷的需求响应潜力，包括用户参与意愿、负荷弹性以及需求响应的能力，在此基础上，微电网还需要对需求响应的综合效益进行评估，根据不同类型的用户，制订不同的需求响应计划。

（2）微电网并网业务概况。

在微电网并网运行中，微电网由于内部分布式电源的间歇性，需要大电网给予一定的支撑以保证其安全稳定运行，同时，微电网也可作为储备电源。微电网与大电网之间的业务主要是指购售电业务。微电网发电首先应供给内部用户使用，促进分布式能源的就地消纳，降低运输成本，从而提高能源利用率，减少环境污染。根据微电网与大电网电能供需业务情况可将微电网视为负荷或电源，当微电网内部发电不能满足负荷需求时，需向大电网购电；当微电网发电供过于求时，可向大电网出售电能。微电网与大电网购售电业务开展的基础是电力交易机制以及交易市场的构建，其中，灵活、经济的实时电价机制更能有效促进微电网市场化发展。

2.1.3.2 微电网并网运营趋势

微电网不同于传统的大电网，它不以支持传统的集中式的大型火电、水电等，通过远距离输电到负荷中心为目标。微电网的电源是分散的，负荷也是分散的，因此，微电网电力首先以就地消纳为主，其次进行并网交易。国家先后出台了一系列相关政策推动微电网市场化运营。

2016 年 3 月《关于推进"互联网＋"智慧能源发展的指导意见》发布以来，国家先后推动了多能互补集成优化、"互联网＋"智慧能源等各类示范项目。2017 年 7 月《推进并网型微电网建设试行办法》发布，国家以园区微网为落脚点，推进建设多能互补、集中与分布式协同、多元融合、供需互动的新型能源生产与消费体系。目前我国在推动能源互联网和各类园区微电网建设过程中，缺乏相关商业模式、市场机制及关键技术支持。《推进并网型微电网建设试行办法》明确要"建设微型、清洁、自治、友好的并网型微电网，对外由统一运营主体负责源—网—荷一体化运营，对内分布式电源向用户直接供电，建立购售双方自主协商的价格体系"。微电网内部需具备电力供需自平衡能力，对外需与大电网进行友好互动。合理、高效的微电网市场运营模式不仅可以提高能源利用率，还能够促进风、光等分布式能源的就地消纳，减少分布式能源并网对大电网的冲击。因此，建立合理高效的交易机制，推动微电网创新运营模式——"源—网—荷—储"一体化运营，它将是未来微电网建设的重中之重。

2.2 并网型微电网优化运营的管理内容

2.2.1 并网型微电网发电侧新能源发电预测与优化运营管理研究

并网型微电网发电侧新能源发电预测对微电网系统具有重要意义，它能使微电网交易市场发布准确发电信息，及时制定交易策略，确保电力交易信息的准确性，尽量减少交易市场误差，从而减少资源的浪费。

对于微电网调度机构，发电侧的新能源发电预测可以帮助微电网调度中心的工作人员合理安排发电计划，根据准确的市场交易需求以及动态的调度规划进行调度管理，实现在线调度规划。

微电网系统进行科学有效的交易策略和调度运行规划对节约能源、合理配置资源等至关重要。为确保微电网系统稳定运行，发电和负载要始终保持平衡。微电网交易市场运营及系统调度管理实际上就是如何规划各类电源，以保证电力系统安全稳定运行，以符合经济效益和节能效应的一个规划过程。因此，市场运营及调度管理的规划要提前完成，主要有以下四步。

（1）在进行市场交易和电力调度之前，科学准确地对发电侧的光伏和风力发电功率进行预测是影响市场运营和调度管理规划的重要因素。首先，要深入分析光伏发电和风力发电功率的影响因素；其次，要挖掘光伏和风电功率变化的日相似性，并根据光伏和风力发电功率预测误差的大小，分析并网型微电网发电侧的实际变化情况，及时制定交易策略及误差补偿。这有利于在进行微电网市场运营及调度管理时，能够合理调配各类发电机组电量，根据负荷用户的总需求，控制发出的总电量。

（2）在进行微电网市场运营及系统调度管理之前，还要确定处于旋转状态的各类发电机组（包括备用发电机组）的状态及其旋转时发出的总电量，以及各类发电机组发电调度的优先级。

（3）在确定调度管理模式之前，要确定参加调度的各类可用电源的成本、影响各类电源可用性，以及与之相关的各种不确定性因素和各类辅助服务成本。

（4）在市场运营及调度管理模式选择时，要确定各发电机组在需要时可以提供的最大电量和辅助服务，明确影响最大电量的各类约束情况。要想确定影响调度管理规划的这些因素，需要在此之前进行准确的微电网发电侧发电功率预测，微电网系统在进行交易和调度时要以预测为依据。因此，微电网发电侧的光伏和风力发电功率预测的准确性对并网型调度管理至关重要，它是调节微电网系统供需平衡的基础，直接关系到整个微电网市场及调度系统的运行成本、发电量大小和调度安全等诸多问题。

2.2.2 并网型微电网需求侧用户负荷预测与优化运营管理

并网型微电网需求侧的用户负荷预测对微电网电力交易和调度运行至关重要。负荷预测可分为短期负荷预测、中长期负荷预测，以及超短期负荷预测。负荷预测周期越短，越能达到资源优化配置。短期负荷预测是微电网运营管理的一个重要模块，对电力经济调度至关重要。目前电力经济调度是根据第二天的负荷预测曲线，分配各台机组的调整出力计划。因此，提高短期负荷预测的准确度，不仅可以提高供电企业和发电厂的经济效益，还有助于电力系统的安全稳定运行。

如果负荷预测结果相较于实际情况偏高，会促使过多机组的启停，从而增加启停成本和容量成本。如果负荷预测结果相较于实际情况偏低，则需启动储能系统，会增加系统启停和容量成本。并网型微电网还会根据系统运行成本约束，将余电上网，从而与大电网进行交互。准确地预测微电网用户负荷也可以减少微电网对大电网的冲击。

并网型微电网需求侧的用户负荷预测的精确度关系到微电网发电方如何履行发电生产，从而影响微电网企业的经济效益。微电网需求侧的用户电力负荷受到多种环境因素的影响，例如工作日、节假日以及多变的天气情况。多种影响因素造就了电力负荷的不稳定性和周期性的特点，因此微电网系统需求侧的用户电力负荷预测对微电网市场的运营、调度运行、优化控制、部署及规划具有基础的指导意义。

2.2.3 微电网电力市场与微电网调度运行机构

微电网并网运行模式使其在电力市场中扮演两种角色。一方面，当微电网中的分布式电源发电量不能满足电负荷需求时，用户需要从大电网购买差额对负荷进行补偿，此时微电网可作为一个可调度负荷；另一方面，在微电网系统中的分布式电源出力较高时，微电网可以将剩余电量卖给大电网，此时微电网则可看作小型电源。微电网为电力交易市场提供了更多类型的电源，同时微电网也推动了传统供电模式的改革，提高了电力交易模式和系统运行方式的灵活性。

国家发展改革委办公厅联合国家能源局综合司于 2017 年印发了《关于开展电力现货市场建设试点工作的通知》，提出"加快探索建立电力现货交易机制，改变计划调度方式，形成市场化的电力电量平衡机制"。组织市场主体开展日前、日内电能量交易，实现调度运行和市场交易有机衔接，促进电力系统安全运行和市场有效运行。

然而，目前电力市场和调度机构的运作方式相对独立，甚至相较于电力交易市场，调度机构规模更大更超前。但是调度机构与电力交易市场无法相互协调运行势必会影响电力资源的合理配置，增加运行成本，不利于推动电力交易市场化，甚至导致资源的浪费。因此，如何实现微电网交易市场与调度运行机构的有机衔接，推进市场与调度的协同发展，从而促进微电网等电力系统安全稳定运行，提高市场的灵活性和经济性，对未来电力行业发展至关重要。

2.3 并网型微电网优化运营管理模式框架

根据前面的分析，得到并网型微电网源荷预测及优化运营管理模式框架，如图 2 - 1 所示。

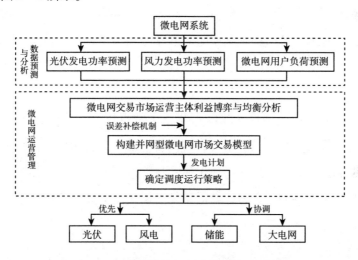

图 2 - 1 并网型微电网优化运营管理模式框架

2.4 相关理论基础

2.4.1 系统管理理论

系统是由部分构成整体的意思。系统论是研究各种系统的共同特征的一门科学。对系统的一般定义为：若干要素以一定的结构形式联结构成的具有某种功能的有机整体。系统管理理论是运用系统论、信息论、控制论原理，把管理视为一个系统，以实现管理优化的理论（冯·贝塔朗菲，1987）。

系统的核心思想是"整体观念"。电力系统可以看作一个整体系统，电力系统的管理由许多子系统构成，例如预测系统、市场交易系统以及调度系统等。各个子系统运作是呈逻辑关系相互连接的，同时，又相对独立。在可持续发展观和低碳经济要求下，业内相关学者提出了很多类型的能源系统概念，例如能源互联网、智能电网和微能源系统等。随着分布式能源技术的发展，微电网系统逐渐成为电力系统中重要的组成部分，也是迈向智能电网的关键。微电网系统包含各种分布式能源、储能，以及本地负荷，可以作为大电网的有效补充，减少分布式能源并网对大电网的冲击（吴雄，2014）。陈民铀等（2012）建立了微电网剩余负荷超短期预测模型。李正茂等（2015）构建了并网型微电网热电联合的调度优化模型，对热电互联规划起到了一定的指导作用。目前，一方面，多数的微电网系统的研究都集中在预测、交易或者优化等子系统中；另一方面，基于系统管理理论将微电网系统看作一个整体系统进行优化管理的视角也是值得学者们关注的方向。

2.4.2　预测理论

预测，是一类科学问题的总称，是指对还未发生或还不明确的事物进行估计和推测。科学的预测是正确决策的依据和保证。一般认为，预测是在一定的方法理论指导下，以事物发展的历史和现状为出发点，以调查研究所取得的资料和统计数据为依据，在对事物发展过程进行深入的定性分析和严密的定量计算的基础上，研究并认识事物的发展规律，进而对事物发展的未来变化预先作出科学的推测。

微电网发电侧的发电预测以及需求侧的用户负荷预测是微电网电力交易市场运营和调度运行的重要环节，通过对发电预测和用户负荷预测的数据分析，探求其影响因素，以历史数据和相关影响因素为依据，选择适用的方法理论，对发电侧的光伏发电和风力发电，以及需求侧的用户负荷定量计算，探究其发展规律并作出预测。准确的发电预测以及用户负荷预测可以减少微电网市场交易的误差补偿，提高能源利用率和微电网整体运行的安全性和稳定性。

2.4.3 交易费用理论

交易费用概念由科斯创立并成为新制度经济学的核心范畴。交易费用主要包含信息的搜寻、合同的商谈、合同的签署、合同的履行和合同违约后的赔偿。如何降低交易费用是一个非常重要且具有重大研究意义的课题和方向。因此，交易费用理论广泛应用于社会、产业、企业等涉及交易的研究领域中。

相比于大电网，微电网中的分布式能源和本地用户属于电力系统边缘的大量小客户，具有分布式发电机的实体可以积极参与电力交易使电力市场多样化，其交易涉及的交易主体量和交易量均比较小，并且交易频率较高。因此，会导致中间运营商的工作量大幅增加，交易费用和运行成本比较高。减少市场运营成本，降低交易损耗，提高交易主体收益是构建灵活的微电网市场的主要目标，对推动微电网并网发展具有重大意义。

2.4.4 最优化理论

最优化理论是关于系统的最优设计、最优控制、最优管理问题的理论与方法。最优化，就是基于一定的约束条件，使所研究的系统获得所希望的最优功能的组织过程，是从所有可能的方案中作出最优抉择，使所构建的目标函数在一定的约束下最小化或最大化。

最优化理论和方法广泛应用于电力系统的实际生产、管理和控制中。利用最优化理论能够解决电力系统运行和管理中的规划、调配、输送、控制和管理决策等问题时，能够提高电力系统管理和运行的经济性（孙文渝，2004）。并网型微电网的运行优化管理总是希望在一定的约束条件下，使运行优化的目标函数达到最优，从而获得最优并网型微电网调度运行最优方案。而本书中并网型微电网市场交易下的调度运行最优化模型是在保证能源供给安全保障的前提下，以系统运行维护成本为约束，建立的最优化模型。其特点是既可以全面描述微电网的技术经济联系，又可以反映电力系统经济运行最大化目标，进而求出最优解决方案。

2.4.5　协同理论

协同理论是指研究远离平衡态的开放系统在与外界有物质或能量交换的情况下，如何通过自己内部协同作用，自发地出现时间、空间和功能上的有序结构（赵武，2016）。

协同理论是研究不同事物、不同组织、不同体系中存在的共同特征及其协同机理的新理论。自该理论诞生至今，获得广泛的认可和发展，并被推广和应用到综合性学科。该理论主要探索和研究各种复杂事物和系统间的无序变有序的相似性和共性。

传统的微电网交易与调度机构是相对独立的，调度机构几乎是独立存在的部门。相对独立的交易市场和调度机构，无法实时匹配信息，可能会造成资源的浪费。为推动电力交易市场化，合理配置电力资源，将电力调度机构与微电网交易市场进行耦合，使其协同优化运行。此外，在进行微电网运营管理的过程中，利用协同理论进行供需协调、多能互补、集成优化，将是有效推进微电网运营优化的关键举措。

2.4.6　现代运营管理理论

运营管理是现代管理科学中最活跃的一个分支，指对运营过程的计划、组织、实施和控制，是与产品生产和服务创造密切相关的各项管理工作的总称。运营管理的研究方法主要可分为建模与仿真方法以及实证研究方法。伴随着科学技术的发展，运营管理包含的系统理论、协同理论以及优化理论等使运营管理吸引了国内外学者的目光，因此对运营管理的研究也在不断更新和完善。

运营管理的研究范围比较广泛，应用层面涉及工业、农业、服务行业等领域，连接着生产、技术、财务、营销、运输等各个环节。涉及工业、服务业以及能源、电力、经济、环境等多个领域的微电网运营管理研究更加复杂，需要更专业、更系统地进行研究。微电网涉及多种分布式能源、负荷、储能，以及监控与保护设备等方面，因此，其运营管理工作内容也涉及控制保护、技术开发、政策及规划制定以及市场服务等多个环节、多个运营主体，是具有多重反馈结构的复杂体系（韩旭，2018）。

2.5　本章小结

本章首先阐述了并网型微电网源荷预测及优化运营管理研究的相关基础理论。针对本书研究的核心内容，从分布式发电及用户负荷预测研究、并网型微电网交易市场机制构建以及并网型微电网交易市场下的微电网电力调度优化策略等方面，对相关理论进行了阐述和研究。其次，主要介绍了并网型微电网电力系统模型架构。最后，阐述和分析了微电网发电侧的光伏和风力发电预测对微电网交易市场运营及运行优化的影响，微电网需求侧的用户负荷预测对微电网交易市场运营及运行优化的影响，以及微电网市场与调度机构的相互联系，在充分分析市场运营及调度管理模式设计需求的基础上，构建了并网型微电网优化运营的管理流程及模式，为后续章节的研究奠定了基础。

第 3 章

并网型微电网发电侧光伏和风力发电功率预测

面对日趋紧迫的环境问题，分布式能源技术得以快速发展。太阳能和风能均是储存量大、可再生且环保的新能源，光伏发电技术和风力发电技术的发展都相对比较成熟可靠。光伏电站的部署所需用地较少，其日常维护也相对简单，而风力发电也具有基建周期短、投资少以及装机规模灵活等优势。因此，近些年来光伏发电和风力发电发展迅猛，在电网中的渗透率也越来越高。

由于太阳能和风能均具有较强的间歇性，因此这两种能源的输出功率也存在一定的波动性和随机性，对市场运营来说，如果能够对光伏和风电功率进行更为有效而准确的预测，可以提高这两种分布式能源在总的发电功率中的占有率，解决分布式能源就地消纳问题，降低运营成本，从而提升分布式发电带来的经济效益与社会效益。对于电力调度机构来说，准确地预测光伏和风电功率不仅可以提升电网安全稳定运行和电力系统供电的可靠性，还可以从根本上缓解甚至解决高比例分布式能源微电网并网对电网带来的安全问题，减少对电网的冲击。因此，准确地预测光伏发电和风力发电输出功率对微电网市场运营及优化运行十分重要。

3.1 微电网分布式能源光伏及风电系统出力预测研究现状

3.1.1 光伏出力研究现状

随着太阳能技术的不断发展和普及，光伏发电在可再生能源发电中所占比例不断提高。在很多国家，光伏发电在整个国家的发电产业中已经占到一定比例。截至 2019 年底，全球共 22 个国家的太阳能光伏发电装机容量至少能满足 3% 的电力需求，其中，12 个国家的装机容量可达到整体发电比例的 5%（Zervos，2015）。随着太阳能资源渗透率的增长，其具有的波动性特点增加了电网管理与运行的难度（Dixon，2010）。因此，准确地预测光伏系统出力对于确保电网稳定、实现最优机组投入和经济调度至关重要（Antonanzas，2016）。光伏发电在过去的十几年经历了巨大的增长，同时，光伏发电的成本已大幅下降，从而推动了光伏发电的安装与使用。因此，光伏在电力系统中的高渗透率带来了许多经济效益，但如果没有准确的预测，也可能威胁电网的稳定性（Raza，2016）。

光伏发电主要受到太阳照射到电池板上辐照强度的影响。由于云层的存在随机影响了太阳辐照度，使得这种照射并不均匀。因此，太阳能资源的不稳定性和天气预报的不确定性，导致光伏出力功率预测具有一定程度的不确定性。根据预测的时间跨度，光伏发电预测可划分为超短期、短期、中期和长期预测。短期光伏发电预测可用于自动发电控制、机组调度、负荷平衡以及电厂运行管理。独立运营商等在负载平衡和调度方面更重视长期预测（王守相，2012）。

光伏发电研发至今，已有很多国内外学者对光伏发电预测进行了研究。目前，光伏发电预测方法主要划分为直接方法和间接方法。直接预测是指通过光伏发电历史数据进行统计分析，直接构建光伏发电预测模型从而直接计算光伏电站的输出功率。间接预测一般分为两个阶段：首先，构建太阳辐照度预测模型预测太阳辐照度；其次，根据光伏发电站的逆变过程构建模型，从而计算出最终的光伏发电量（Bacher，2009）。丁明等（2011）使用一种基于马尔科夫链的直接预测方法对光伏发电进行预测，并验证了该方法的有效性。杨等（Yang et al，2014）提出了一种基于提前24 小时天气预报的光伏出力预测的混合方法，该方法包括分类、训练和预测阶段。首先，对所收集的光伏发电历史数据进行分类；其次，对天气情况，如温度、降水概率和太阳辐照度等相关因素进行训练；最后，对光伏发电情况进行预测。

光伏发电会受到多种因素的影响，导致光伏发电具有较强的不确定性和波动性。因此，如何设计一个鲁棒的、智能的、自适应的预测模型，以应对光伏发电的多种影响因素的波动，对提高光伏出力预测精度至关重要。目前，光伏发电预测方法主要包括持久模型、物理方法、统计方法、混合模型等（Soman，2010）。大多数的光伏出力预测技术使用历史气象数据和其他外生变量作为预测模型输入（Pelland，2013）。还有一些方法是通过卫星成像采集太阳辐照度数据从而预测光伏输出功率（Rezk，2015）。

持久模型是比较常用的一种方法，计算成本低，但是持久模型容易受到多种因素影响，具有较高的预测误差（Perez，2010）。物理模型主要是指数值天气预报（numerical weather prediction，NWP）。该模型是基于光伏电站的特性，如位置、方位、历史数据等，还包含不同的预报天气变量，如光伏系统特性、全球水平辐照度、相对湿度、风速和风向等。当气象条件比较稳定时，物理模型的预测性能较好。然而，当气象条件突变时，预测的准确性受到很大的影响（崔洋，2013）。由于统计方法是建立在历史数据的基础上，因此，统计模型的预测精度取决于所输入的历史数据的数量和质量。统计方法一般可以分为两类，即基于时间序列的预测模型和基于人工智能的预测模型。基于时间序列的预测模型有多元线性回归（multiple linear regression，MLR）、自回归移动平均模型（auto-regressive moving average model，ARMA）、自回归整合移动平均模型（auto-regressive integrated moving average model，ARIMA）等。瑞卡德等（Reikard et al，2009）使用对数回归、ARIMA、传递函数、神经网络，以及混合模型对光伏发电进行预测。实验结果表明，使用带时变系数的ARIMA有较好的预测表现。而神经网络或混合模型可以更好地预测超短期的光伏输出功率。人工智能技术中常用的方法有人工神经网络（artificial neural network，ANN）、支持向量机（support vector machines，SVM）以及随机森林（random forest，RF）等，其中，人工神经网络在光伏发电预测中的应用比较广泛（Almonacid，2010）。人工神经网络的模型能够更好地将输入映射为模型输出，而不需要建立输入与输出之间的复杂关系。阿尔莫纳西德等（Almonacid，2010）设计了三种数学模型用于光伏出力预测，并与人工神经网络进行了比较。结果表明，人工神经网络模型在预测精度和对不确定气象条件的适应性方面优于传统的数学模型。史等（Shi et al，2018）评估了多个数值天气预报参数以提高光伏发电预报功能。特征的重要性由随机森林算法决定。此外，通过使用支持向量回归，随机森林和线性回归模型进行PV出力预测以验证三种模型的准确率。

组合模型一般是由两种或两种以上的具有较好特性的方法进行结合而成的。一些研究表明，两种或两种以上混合模型在太阳辐照度、负荷预测以及新能源出力预测的研究中具有更好的预测效果。赫尔南德斯等（Hernandez et al，2012）设计了一种基于天气分类方法和支持向量机的组合模型，对 24 小时的电力负荷进行预测。阿尔梅达等（Almeida et al，2015）用 k 最近邻算法、持久模型、自回归整合移动平均模型、人工神经网络和基于混合遗传算法的人工神经网络模型对加利福尼亚州 1MV 的光伏电站的发电量进行预测。结果发现，使用优化算法对神经网络参数进行优化，可以进一步提高预测的准确性。另外，对数据集进行聚类，然后再输入模型进行预测也可以提高预测精度（Nespoli，2019）。嵇灵（2015）结合了模糊 C 均值（fuzzy c-means，FCM）相似日聚类与智能算法，对光伏输出功率进行预测，光伏发电预测精度会随着预测模型的不断优化或者方法间的组合而提高。

3.1.2 风力发电预测研究现状

风力发电作为一种无污染的可再生能源，在许多国家得到了迅速发展。由于风力发电在发电系统中的占比越来越大，其在电力系统的规划和运行中也变得越来越重要。然而，风能本身具有一定的间歇性和波动性，因此风电场的风电输出也具有一定的随机性。如果在电力系统规划阶段，风力发电系统没有得到充分考虑，大规模的风电可能会影响常规电力系统的正常运行和系统稳定性（Slootweg，2003）。大量的储能系统可以平稳风能的随机性导致的风电输出波动，但是花费较高。因此，通过提高风电输出功率预测精度，可以减少储能系统设备的安装和运行支出，进而降低电力系统运行总体费用，减少设备消耗（Ren，2015）。此外，准确的风速预测及风电输出预测可以提高能量转换效率，降低系统过载和极端天气条件带来的风险，改善机组的优化运行（Kalogirou，2001）。

风电功率的主要影响因素是风速，因此，国内外众多学者在风速预测和风电输出功率预测方面均开展了一定深度的研究。风速及风电功率预测可依据预测时间尺度划分成四类，分别为超短期、短期、中期、长期预测。

不同的预测时间尺度对电力研究的影响侧重点也不同，如表 3 - 1 所示。

表 3 - 1 预测时间尺度与应用

预测时间尺度	时间尺度	应用
超短期	几分钟 ~ 1 小时	实时调度/负荷
短期	1 小时 ~ 数小时	日前调度
中期	未来数小时 ~ 一周	资源规划
长期	未来 1 周 ~ 1 年	经济可行性规划

资料来源：Kavasseri（2009）。

许多国内外学者已经针对不同的预测时间尺度提出了不同的风速和风电功率预测方法，这些方法可以针对不同的数据特点及时间尺度得到较好的预测结果，大概可分为以下四类：持久模型、物理模型、统计方法、组合模型。

持久模型即假设未来与过去相同的基础预测方法。持久模型在天气预报等场景中有一定效果，尤其在短期气候预测上。因此，在针对风电预测研究中，其假定风速在短时间是相同的，故此模型对于短期风速预报来说是简单而准确的（Sfetsos，2016）。然而，该模型的精度随着预测时间尺度的增大而逐渐降低。它可作为基准模型，检验所提出的新模型对风速及风电功率的预测结果。物理方法使用详细的物理描述来模拟风电场位置的现场条件（Aasim，2019；Lei，2009）。物理模型使用诸如地形、障碍、压力和温度等物理因素来估计未来的风速（钱政，2016），该方法可以不需要历史数据进行模型训练。在一定情况下，可以作为其他预测模型的辅助输入。NWP 模型是由气象学家开发的用于大范围地区天气预报的模型，但该模型对于短期预测结果不够准确（Cheng，2017）。统计方法是使用历史数据来构建风电功率预测模型，一般可分为线性模型与非线性模型。目前，广泛使用的线性模型有 Box-Jenkins 方法和马尔科夫链模型（Shamshad，2005），包括自回归项（auto-regressive model，AR）、移动平均项（moving average，MA）、带有外生输入的自回归移动平均（auto-regression and moving average Model，ARMX）、ARIMA 等（Torres，2005）。非线性统计方法主要是指人工智能方法，如人工神经网络（Gong，2009）、SVM（Mohandes，2003）、模糊逻辑（fuzzy logic，FL）（Hong，2010）、进化算法（evolutionary algorithm）（Niu，2018）、RF（Liu，2019）等。人工智能方法具有较强的非线性预测能力和学习能力，因此，人工智能算法在预测精度上优于时间序列模型，但是该类方法一般需要大量的样本来训练预测模型（Tascikaraoglu，2014；Song，2018）。

单个预测模型缺乏对数据的预处理，不能保持较高的预测精度。因此，由于单个模型不可避免的缺陷，组合方法融合了单个方法的优点来获得较高的预测精度从而获得全局最优预测性能（Xiao，2015）。常见的组合方法有（Aasim，2019）：（1）物理和统计方法；（2）线性和非线性统计方法；（3）人工智能和统计方法。张等（Zhang et al，2016）采用径向基函数（RBF）神经网络和多目标优化方法对风速进行区间预测，最终获得了较高的预测精度。李（Li，2017）提出了一种由神经网络、小波变换、特征选择和偏最小二乘回归（PLSR）组成的新型集成方法，用于风电场发电预测，并在真实数据集上进行了验证。黄青平（2018）提出了一种通过 EMD 分解风电功率序列，然后分别通过随机森林进行预测的方法，并验证了该方法优于一般的单一模型。

3.2　光伏发电系统短期功率
预测模型及影响因素

3.2.1　光伏发电系统短期功率预测模型

利用太阳能发电的方式主要有两种：一种是以太阳能发出的热量促使蒸汽膨胀，从而推动汽轮机发电。太阳能热电厂的发电方式与传统发电站非常相似，通过使用透镜配置将太阳能转化为高温热量，然后产生电能，从而减少化石燃料的消耗。一般一所太阳能热电厂建成后可以使用至少20年。然而，建成一个太阳能热电厂需要投入大量的资金，且这种发电方式对能源的利用效率较低。另一种方法是通过光伏电池，产生光生电流，直接将太阳能转化为电能。因此，目前很少使用太阳能热发电，而采用更为方便高效的光伏电池。

由于多种气象因素，光伏发电输出不稳定，难以控制。光伏发电主要取决于太阳能电池板受到的太阳总辐射量，而太阳辐射的强度随季节和地理位置而随机变化，其与天气、太阳时角、观测日期、时间和云层有密切关系。随着时间的推移，辐射并不均匀。因此光伏发电输出功率随着太阳辐射的强度而波动。由于气象的不确定性，光伏出力也具有一定的周期特征。光伏输出发电通常在上午8：00至下午5：00可用。将不稳定和周期性的光伏电源并入电网，会对电网造成波动。

综上，太阳能功率预测有两种主要方法。第一种选择是使用分析方程来模拟光伏系统。通常情况下，大部分工作都致力于获得准确的辐照度预测，这是与发电相关的主要因素。相反，第二种选择在于使用统计和机器学习方法直接预测功率输出。

对于光伏发电输出功率的预测，在选择样本时，需要充分了解影响光伏发电输出功率的主要因素。光伏发电输出功率极易受到气象等因素的影响，也会受到零件或者系统参数的影响，因此，光伏发电输出功率影响因素可划分为内、外两大类因素。光伏发电输出功率的内部因素一般包括组件安装方式、零部件性能和逆变器容量配比、系统运作的参数选择、电能传输损耗等；外部因素主要是指气象变化因素，包括太阳辐照强度、环境温度、相对湿度、天气类型等。由于光伏电站的组件已经确定，光伏发电输出功率的历史数据会包含一定的光伏组件信息。因此，在选择光伏发电输出功率预测模型的输入特征时一般只参考环境因素。罗建春（2014）给出了一个更为简洁的光伏阵列的输出功率表达式：

$$P_{PV(i)} = IS\eta_{PV}\left[1 - \alpha(T - T_{cref})\right] \tag{3-1}$$

其中，I 为太阳辐照强度 [千瓦/平方米（kW/m²）]，S 为光伏电池的面积（m²），η_{PV} 为电池面板的转换效率，α 为温度系数，一般取 0.005，T 为环境温度，T_{cref} 为环境温度参考值，一般取 25℃。

3.2.2 光伏发电输出功率预测的影响因素

3.2.2.1 太阳辐照度

太阳辐照度，是太阳光辐射到大气层，经过吸收、反射等回到地球表面上的单位时间内的辐射能量。

太阳辐射在光伏发电量预测中起着重要作用，云层数量在一定程度上影响着太阳辐射。依据光伏效应，太阳辐照度会直接影响光伏电站的输出功率。根据公式（3-1），如果一个光伏电站的环境温度是固定的，那么光伏电站的输出功率 $P_{PV(i)}$ 与太阳辐照强度 S 呈正相关关系。图 3-1 显示了3月29日某光伏电站的实测输出功率与太阳辐照强度的变化趋势。从图3-1中可以看出,太阳辐照度与实测输出功率的走势基本相同,说明太阳辐照度与光伏发电输出功率呈正相关关系。

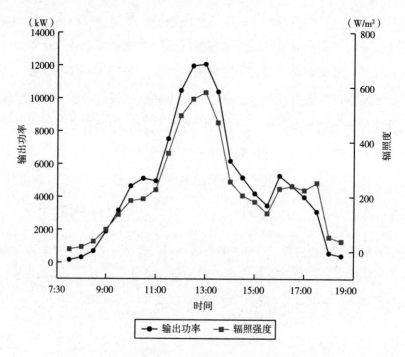

图3-1 太阳辐照度与光伏发电输出功率的变化趋势

3.2.2.2 天气类型

不同的天气类型的气象特征有所不同。例如,晴天的辐照度较高,因此光伏电站的输出功率也相对较高。而雨天,云层阻碍了太阳照射,影响了太阳辐照强度,而且空气中湿度较大,从而影响了光伏发电输出功率。分别选取四种不同的天气类型:晴天、阴天、多云、雨天,根据不同天气类型下的某一光伏电站的实测输出功率,对比分析不同天气类型下光伏发电输出功率的走势,如图3-2所示。

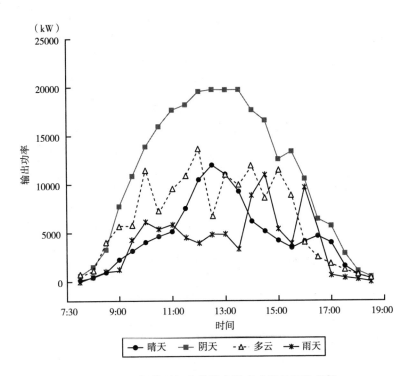

图 3-2　天气类型与光伏发电输出功率的变化趋势

3.2.2.3　相对湿度对光伏发电功率的影响

当大气中的相对湿度较高时，削弱了太阳辐照，降低了照射在光伏面板上的辐照强度。此外，相对湿度较高会影响光伏组件的散热，从而影响光伏发电效率。因此，一般情况下，相对湿度过高时，光伏发电输出功率会有所下降，该因素在一定程度上对光伏发电输出功率产生负面影响。图 3-3 展示的是光伏发电站实际输出功率和相对湿度的变化趋势，可见光伏发电输出功率与相对湿度之间近似呈负相关。

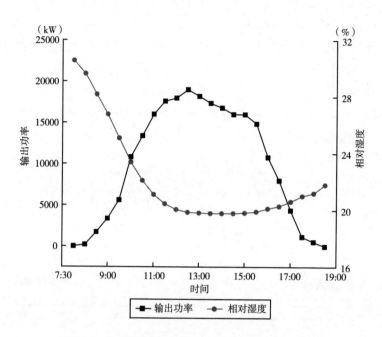

图 3-3　相对湿度与光伏发电输出功率的变化趋势

3.2.2.4　大气温度

　　一般情况下，大气温度的变化会影响太阳能电池组件的性能，从而影响光伏发电输出功率。图 3-4 展示的是大气温度和光伏发电输出功率的变化趋势。

　　在一定温度范围内，光伏发电输出功率会随着温度升高而增大，但是温度升高超过一定范围时，输出功率则开始下降。温度影响光伏发电主要是因为太阳能电池性能会受到温度的影响。温度较高，硅太阳能电池工作的开路电压会伴随温度升高而下降，此外，温度较高还会影响充电工作点位置使光伏系统充电不充分，从而导致光伏系统受损。温度升高会在一定程度上降低光伏发电输出功率，因此，光伏发电输出功率预测研究中，应该考虑大气温度影响因素。

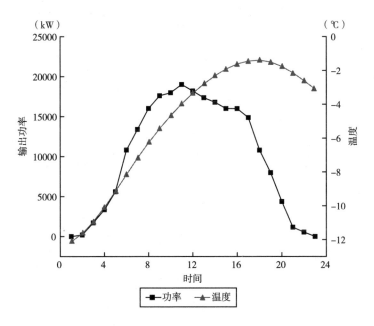

图 3 - 4 　大气温度与光伏发电输出功率的变化趋势

3.3　风电系统短期功率预测模型及影响因素

3.3.1　风力发电原理概述

风能就是空气流动所产生的动能，作为可再生的清洁能源广泛分布于全国各地区。但是该能源分布的地区差异大、能量密度较低，具有较强的随机性。随着科技的进步和技术的发展，风能可作为一种重要的能源在一定的技术条件下转化并得以利用。目前风力发电主要通过风力推动叶片再增加转速，使风能转化为机械能进而转化为电能。图 3 - 5 展示了某风电场的风电输出功率在 1 月 3 ~ 5 日的变化情况，其中数据的采样粒度是 15 分钟（min）每点。

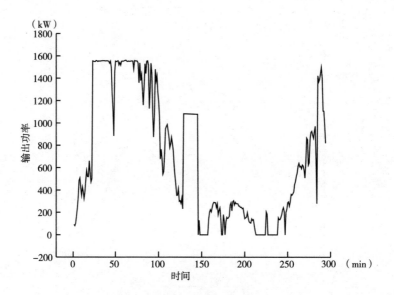

图 3 – 5　某风电场输出功率

风力发电电源的主要组成部分包括风力结构、发电结构、能耗结构、储能装置、系统控制结构、逆变器、直交负载单元等。风以一定的速度和攻角作用于叶片之上，风轮主轴经传动系统带动发电机转子旋转，进而将旋转机械能转换成电能。由于风能是具有间歇性的，因此风力发电系统需配备储电设备，使用该设备将风力发电机所输出的不稳定交流电进行整流处理，然后储存在储能系统中，最后通过逆变器将电池组中的化学能转换为电能。

风能密度可以表示风能的大小。其计算公式为：

$$W = \frac{1}{2}\rho A v^3 \tag{3 – 2}$$

其中，ρ 为空气密度，A 为空气流过的面积，v 为风速。

风速频率分布可以对风力发电地区的风能资源进行评估，判断其是否比较丰富。计算风速频率分布的最常用的是双参数威布尔分布，其密度函数为：

$$f(v) = \frac{k}{C}\left(\frac{v}{C}\right)^{(k-1)} e^{-\left(\frac{v}{C}\right)^k} \qquad (3-3)$$

其中，v 为风速，k 为形状系数，C 为威布尔尺度系数（m/s）。

风力发电就是风能经过风力发电机组转化成电能。风能本身具有比较强的随机性，会导致风力发电机的输出频率和电压均不稳定。风力发电机获得的风能可由式（3-4）表示：

$$P = \frac{1}{2} C_p A_r \rho_{air} v^3 \qquad (3-4)$$

其中，P 表示风电机组在理论上的最大输出功率；C_p 为功率系数，其取决于风力转换器的具体设计及其朝向风向；A_r 为叶片扫风面积，单位是 m^2；ρ_{air} 为空气质量密度，单位是 kg/m^3；v 为风力涡轮机的受力风速，单位是 m/s。

通过贝兹极限可得，C_p 在理论上的最大值是 0.593。种种条件的限制，导致风力发电实际输出效率达不到理论值，进而风力发电机组不能达到最大输出功率，通常是风电场理论输出功率的 65% ~ 70%（张学清，2013）。

3.3.2 风电输出功率的影响因素

风能是一种储量巨大的可再生清洁能源，但是风能本身具有的不稳定性使得其在利用方面受到了一定的制约。风速、风向等环境因素会直接影响到风力发电输出功率的大小，因此，风电输出功率会出现比较大的随机性。此外，除了环境因素的影响外，风电机组的参数调节、零部件磨损、发电量调节和调度都会影响风电场风力发电的输出功率。

影响风电场风力发电输出功率的环境因素主要包括风速、风向、大气温度、相对湿度，以及风电机组位置等。此外，对于大型的风力发电场，机组间的尾流、风电机组所处的海拔等因素都会影响到风电场风力发电情况。而风力发电输出功率的影响因素主要有以下四点。

3.3.2.1　风速因素

风速是指单位时间内空气的位移大小，具有非常强的随机性和间歇性。一定的时间段内风速的大小具有比较大的差异。风速与天气气候背景有着非常密切的关系，也与地理位置有关。一般情况下，海拔高的地区风速要高于海拔低的地区。夏秋两季风速比较平缓，春冬两季风速波动性较大。

风速是影响风电场风力发电输出功率最主要的因素之一，风以一定速度和攻角作用于叶片之上，推动叶片旋转产生机械能，然后风力发电机所产生的机械能再转化为电能。图3-6表示的是某风电场风机实际工作情况下产生的风速与风电输出功率关系曲线图。

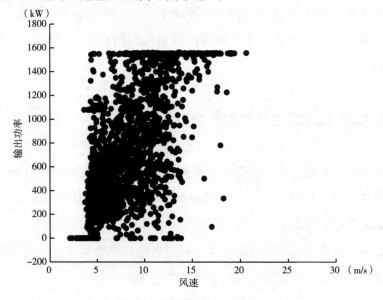

图3-6　风电输出功率与风速关系曲线图

3.3.2.2 风向因素

气象上风向是指风吹来的方向，一般可以使用角度和方位联合表示。风向的测量单位，我们用方位来表示。陆地上的风向通常用 16 个方位表示，海上风向通常用 36 个方位表示。高空中通常用角度表示风向。风向也是影响风电场风力发电输出功率的重要因素。由于风向通常是在不断发生变化的，风力发电机要做到迎着风向，利用垂直于叶片的风能，才能尽可能地利用风能，实现能量转换。

3.3.2.3 空气密度因素

空气密度是指单位容积的空气的质量，单位为 kg/m^3。空气密度和高度有密切的关系，海拔越高的地区，空气密度越低。空气密度的增大，会提高风电场风电输出功率，因此空气密度的大小是风电输出功率的比较重要的影响因素，空气密度大小可以通过公式（3-5）计算得到：

$$\rho = 3.48 \frac{P_q}{T} \left(1 - 0.378 \frac{\psi}{T}\right) \qquad (3-5)$$

其中，P_q 表示标准大气压强（KPa）；T 表示开式温度（K）；ψ 表示空气相对湿度（%）。根据公式（3-5）可知，影响空气密度的主要因素包括温度、空气的相对湿度和压强。

3.3.2.4 温度因素

从空气密度计算公式（3-5）可以看出，温度的大小会影响空气密度的改变，进而改变穿透风力发电机组叶片的空气量大小，从而影响风电场风电输出功率大小的改变。

3.4 微电网发电侧光伏及风力发电预测的主要研究方法

3.4.1 K-means 聚类算法

数据聚类是一种将具有相似特征的数据分组在一起形成聚类的技术。聚类已经被许多研究者研究了很长时间，并被应用于模式识别、基因表达分析、客户细分、教育研究等领域。聚类技术通常可以分为分层聚类、划分聚类、基于密度和基于网格以及基于模型的聚类方法。分层聚类是指每个点被视为一个聚类开始，并递归地组合成对的聚类，随后更新聚类间的距离，直到所有的点都是一个分层构建的聚类的一部分。划分聚类是指将样本划分成几个聚类，使得一个聚类中的样本比不同聚类中的样本更相似，该聚类算法更适合对大型数据集进行聚类。基于密度的聚类是指其将空间量化成有限数量的区域，然后它们分别在每个区域中执行操作。基于模型的聚类方法中的目标数据集是由概率分布来确定的（Halkidi，2001）。

现代的聚类分析计算方法主要包括高维聚类分析方法和动态聚类分析方法两类。K-means 算法属于动态聚类分析方法比较经典的聚类算法。K-means 的时间复杂度为 O（l $*$ K $*$ N），其中，l 为迭代次数，K 为聚类数，N 为数据项个数。聚类中心是该聚类的均值，而算法选择的相似性的度量可以通过欧几里得距离的倒数进行计算。为了检测最佳聚类数，用户通常用不同的 K 值重复运行算法，并比较聚类结果。再给定一个数据集和创建的簇数 K，把相同属性的数据集样本归在一起，不需要提前设置标签，属于无监督学习。K-means 算法原理比较简单，容易实现，收敛速度快，此外，该方法需要进行调整的参数仅仅是簇数 K。K-means 算法在大数据集上收敛很慢，通过不断地优化，在局部达到最小值，由于该算法的易操作性，使得它成为所有聚类算法中最广泛使用的。

K-means 聚类分析计算方法流程如下：

第一步：随机取 K 个点作为 K 个初始质心，也就是聚类中心点；

第二步：所有样本到聚类中心点代表的 K 类 $\omega_j(l)$ 中，各类所含的样本数为 $N_j(l)$，计算每个点到这 K 个质心的距离：

$$d_j(l+1) = \frac{1}{N_j(l)} \sum_{x(i) \in \omega_j(l)} x(i) \tag{3-6}$$

其中，$x(i)$ 是每一个样本；$j = 1, 2, \cdots, k$；$i = 1, 2, \cdots, N_j(l)$；

第三步：根据对象到聚类中心的距离，将对象重新分配到最近的聚类；

第四步：更新聚类的平均值，也就是计算每个聚类中对象的均值；

第五步：重复以上各步，直到每一类中心在每次迭代后变化不大为止，此时的聚类结果就是最优聚类结果。

3.4.2 改进粒子群算法

3.4.2.1 粒子群算法

粒子群算法（particle swarm optimization，PSO），是由肯尼迪（Kennedy）和埃伯哈特（Eberhart）开发的新的进化算法。PSO 算法从随机解出发，经过不断迭代找到最优解。PSO 算法实现容易、精度高、收敛快，在解决实际问题时体现出很强的优越性。算法简述如下。

PSO 是将优化问题的潜在解抽象为 D 维搜索空间中的一个粒子，每个粒子根据目标函数而设置适应度值，且粒子根据飞行速度 v 调整自身位置 s。假设搜索空间有 P 个粒子组成种群 $s = (s_1, s_2, \cdots, s_i, \cdots, s_P)$，其中第 i $(1 \leqslant i \leqslant P)$ 个粒子的位置为一个 D 维的向量 $s_i = (s_{i1}, s_{i2}, \cdots, s_{iD})$，则 t

时刻粒子 i 的位置变化率（即粒子速度）为 $v_i^t = (v_{i1}^t, v_{i2}^t, \cdots, v_{iD}^t)$，粒子 i 当前的最优位置表示为 $p_i^t = (p_{i1}^t, p_{i2}^t, \cdots, p_{iD}^t)$，常记为 p_{best}；粒子群搜索至 t 时刻群体的最优位置表示为 $p_g^t = (p_{g1}^t, p_{g2}^t, \cdots, p_{gD}^t)$，常记为 g_{best}；粒子的位置将根据如下公式进行更新：

$$\begin{cases} v_{id}^{t+1} = \omega v_{id}^t + c_1 r_1 (p_{id}^t - x_{id}^t) + c_2 r_2 (p_{gd}^t - x_{gd}^t) \\ s_{id}^{t+1} = s_{id}^t + v_{id}^{t+1} \end{cases} \quad (3-7)$$

其中，ω 表示惯性权重；$d = 1, 2, \cdots, D$ 表示粒子维数；t 表示前迭代次数；$v_{id} \in [v_{min}, v_{max}]$ 表示粒子速度；加速因子 c_1 和 c_2 是非负的常数；r_1 和 r_2 是分布于 $[0, 1]$ 区间的随机数。

3.4.2.2 改进粒子群算法

影响 PSO 算法中粒子群的搜索能力的主要因素是惯性权重 ω，为了提高 PSO 算法寻优的自适应能力，提出一种惯性权重自适应调整方法，记为 APSO 算法，简介如下。

定义粒子群种群多样性函数如下：

$$F_d(t) = \frac{f_{min}(\alpha(t))}{f_{min}(\alpha(t)) + f_{max}(\alpha(t))} \quad (3-8)$$

$$\begin{cases} f_{min}(\alpha(t)) = \mathrm{Min}(f(\alpha_i(t))) \\ f_{max}(\alpha(t)) = \mathrm{Max}(f(\alpha_i(t))) \end{cases} \quad (3-9)$$

其中，$f(\alpha_i(t))$ 为第 i 个粒子的适应度值，$i = 1, 2, \cdots, P$，$f_{min}(\alpha(t))$ 和 $f_{max}(\alpha(t))$ 分别为 t 时刻粒子适应度的最小值和最大值。

多样性函数 $F_d(t)$ 可以用来描述粒子的运动特性，并据此定义非线性函数 $\delta(t)$ 用于惯性权重的自适应调整：

$$\delta(t) = e^{(F_d(t) - L)^{-1}} \quad (3-10)$$

其中，L 是初始化常数，且 $L \geqslant 2$。

定义粒子惯性权重自适应的调整规则如下：

$$v_i^{t+1} = \beta v_i^t + \eta d\omega_i^t \qquad (3-11)$$

$$\omega_i^{t+1} = e^{-(\delta(t)\varepsilon_i^t + v_i^{t+1})^{-1}} \qquad (3-12)$$

其中，v_i^t 为 t 时刻粒子的运动速度；β 为"动量"超参数，通常设置为 0.9；η 为学习率；$d\omega_i^t$ 为权重的梯度；ε_i^t 为粒子 i 与全局最优粒子的距离，定义如下：

$$\varepsilon_i^t = e^{\frac{\|s_i^t - g_b\|^2}{D}} \qquad (3-13)$$

其中，s_i^t 和 g_b 分别为 t 时刻粒子 i 与全局最优粒子的位置。

3.4.2.3　优化算法对比试验

粒子群算法需要调整的参数较少，结构比较简单，但是粒子群算法也存在着局部最优等问题。近年来，一些新的群体智能优化算法被相继提出，包括灰狼算法、飞蛾扑火算法、鲸鱼算法等。这些新的算法准确率较高，但是陷入局部极值点的问题是大多数优化模型的共同特性，因此我们选择了参数较少，结构更简单，同时相较于其他优化算法，准确率也没有落后的粒子群算法进行改进，以提高优化算法的全局搜索能力，并与其他优化算法进行了对比试验。

在 30 维搜索空间中测试 APSO 算法的优化性能，设定种群规模为 30，最大迭代次数为 1000，基准测试函数为 F1~F6，如表 3-1 所示。

表 3-1　　　　　　　　　　　基准函数

函数	公式	种群规模	范围	理论最优
Schwefel 2.21	$F_1 = \max_i \{|x_i|, 1 \leqslant i \leqslant D\}$	30	$[-100, 100]$	0
Rosenbrock	$F_2 = \sum_{i=1}^{Dim-1} [100(x_{i+1} - x_i^2)^2 + (x_i - 1)^2]$	30	$[-30, 30]$	0

函数	公式	种群规模	范围	理论最优
Quartic	$F_3 = \sum\limits_{i=1}^{Dim} i \cdot x_i^4 + random(0,1)$	30	$[-1.28, 1.28]$	0
Schwefel 2.26	$F_4 = \sum\limits_{i=1}^{Dim} -x_i \sin(\sqrt{x_i})$	30	$[-500, 500]$	0
Rastrigin	$F_5 = \sum\limits_{i=1}^{Dim} [x_i^2 - 10\cos(2\pi x_i) + 10]$	30	$[-5.12, 5.12]$	0
Griewank	$F_6 = \dfrac{1}{4000} \sum\limits_{i=1}^{Dim} x_i^2 - \prod\limits_{i=1}^{Dim} \cos\left(\dfrac{x_i}{\sqrt{i}}\right) + 1$	30	$[-600, 600]$	0

表 3-1 展示了 GWO 算法、MFO 算法、WOA 算法、PSO 算法和 APSO 算法进行 40 次独立实验后根据标准差进行对比。从表 3-2 可以看出，针对 6 个基准测试函数，APSO 算法对大部分函数的寻优精度比 PSO 算法高出多个数量级，并且 APSO 算法的寻优精度优于传统 GWO 算法、MFO 算法、WOA 算法。其中，在连续单模态的函数求解过程中，APSO 对函数 F1 求解的精度最高；对于函数 F2、F3 的优化，APSO 也略优于其余算法；针对具有多个局部极值的多模态函数，APSO 对 F4、F5 和 F6 的优化求解精度显著优于其他算法。

表 3-2　　　　　　　　APSO 与其他算法优化基准函数对比结果

函数		GWO	MFO	WOA	PSO	APSO
F_1	Std. Dev	8.24E－007	3.34E＋001	1.07E－006	2.32E＋001	**1.00E－010**
F_2	Std. Dev	8.47E－001	4.22E－001	**1.26E－001**	1.95E＋005	2.63E－001
F_3	Std. Dev	7.67E－004	2.80E－003	3.85E－004	7.97E－002	**5.27E－005**
F_4	Std. Dev	1.03E＋003	6.45E＋002	2.75E＋002	3.94E＋002	**2.39E＋001**
F_5	Std. Dev	5.69E＋000	0.79E＋000	0.12E＋000	2.98E＋001	**0.04E＋000**
F_6	Std. Dev	6.45E－003	6.50E－002	3.78E－003	3.98E－001	**8.25E－009**

3.4.3 改进 K-means 聚类算法

K-means 算法属于动态聚类分析方法比较经典的聚类算法，K-means 聚类算法对初始聚类中心的依赖性较高。如果初始聚类中心完全远离数据本身的聚类中心，则迭代次数趋于无穷大，同时也使得最终的聚类结果更容易陷入局部最优。

将改进的粒子群算法与 K-means 算法相结合，得到 APSO-K-means 聚类算法，不仅能快速收敛到最优解，而且精度更高，粒子群优化 K-means 聚类算法的步骤如下。

第一步：在粒子群算法 – K 均值聚类的背景下，在初始化粒子之前，首先将数据点随机分配给 K 个聚类。

第二步：基于聚类标准评估粒子适应度。

$$F(j) = \frac{1}{N} \sum_1^K \sum x \in K_i \, \|x_j - C_{Kj}\|^2 \qquad (3-14)$$

在数据点 $x_j = 1$，N 和聚类中心 C_{Kj} 之间的粒子 j 的适应度函数，为了最小化从所有点到它们的聚类中心的平方距离之和，将产生紧凑的聚类。N 表示聚类过程中数据点的总数。

第三步：通过公式（3-14）更新粒子的速度和位置。

第四步：通过如下给出的 K 均值进行优化，根据最近规则将数据集重新分配聚类，进而重新计算聚类质心和适应值，更新位置。

第五步：当达到最大迭代次数时则停止。否则，返回第二步。

3.4.4 随机森林算法

随机森林算法（random forest，RF）是重要的机器集成学习算法之一。

除了使用不同的数据引导样本构建每棵树之外，RF 还会改变分类树或回归树的构建方式。在 RF 算法中，每个节点使用在该节点随机选择的预测子集中的最佳预测来分割。与许多其他分类器相比，例如 SVM 和神经网络，RF 算法对过拟合具有较好的鲁棒性（Breiman，2001）。RF 算法用于回归分析主要有以下优点：

- 基于数据可用性和用户需求的简单的包含或排除预测器；
- 可能包含连续的和分类的预测器，例如，结合土地使用信息；
- 相对较少的模型参数；
- 过度拟合的最小化风险；
- 评估单个预测器对最终模型的贡献的可变重要性分数的自动计算。

RF 模型是一个由一组决策树分类器 $\{h\ (X,\ \Theta_k),\ k=1,\ \cdots,\ N\}$ 组成的集成分类模型。参数 Θ_k 是与第 k 棵决策树独立同分布的随机向量，可以表示第 k 棵决策树的生长过程。X 为待分类样本。RF 算法的具体分类过程如图 3 –7 所示。

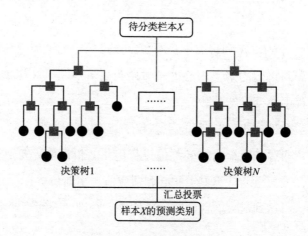

图 3 –7　随机森林分类过程

当向 RF 模型输入待分类样本 X 后，样本 X 将会进入所有经过训练产生的决策树。决策树会根据数据样本的特征各自选择和确定数据 X 的类型。在全部决策树得出各自的分类结果后，RF 模型进行汇总投票进而预测分类类别。因此，RF 的分类决策如式（3 - 15）所示：

$$H(x) = \arg \max_Y \sum_{i=1}^{N} I(h_i(x) = Y) \qquad (3 - 15)$$

其中，$H(x)$ 为 RF 分类决策结果；h_i 为第 i 个决策树分类模型；Y 为目标变量；I 为度量函数；N 为决策树数量。

式（3 - 15）体现了 RF 算法的多数投票决策方式。作为建立在决策树算法上的一种集成算法，RF 模型在构建和训练中会选择和抽取不一样的训练集对算法中的决策树进行训练，以此提高了每个分类器间的差异，从而提高 RF 算法分类效果，使其优于算法构建中的每个决策树。RF 模型的随机性可以提高算法的性能，通过以下过程体现。

（1）抽取样本。

RF 模型中，随机且有放回地从训练集中抽取多个训练样本形成子样本集，且子样本集的数据量与所输入的最初的样本集数据量相同。每棵树的训练集均不同，且可能含有重复的样本。

（2）特征选择。

RF 模型中的决策树在分叉时只选择所有特征中的部分特征。RF 模型首先随机选择全部可选特征的一部分特征，当决策树每次进行分裂时，则在随机选取出的特征中选择最优的特征。每棵决策树都尽可能地生长，不进行剪枝。

因此，RF 模型在整个训练过程中的随机性，提高了模型中不相关联的决策树的分类精度，使模型不容易陷入过拟合，从而增强了该算法的抗噪能力和泛化性。

RF 模型是用于分类还是回归，取决于分类回归决策树（classification and regression tree, CART）是分类树还是回归树。

随机森林的分类过程如图 3 - 7 所示。如果 CART 是分类树，则算法的关键在于选取节点的测试属性和划分数据纯度。CART 分类树的计算原则是基尼（Gini）指数，Gini 指数越小，表示错分样本的概率越小。

Gini 指数定义如式（3 – 16）所示：

$$k_{Gini} = 1 - \sum_{i=1}^{n} \left[p(i \mid t) \right]^2 \qquad (3-16)$$

其中，$p(i \mid t)$ 为测试变量 t 属于类 i 的概率；n 为样本的个数。

当 $k_{Gini} = 0$ 时，所有的样例同属于一类。CART 决策树生成算法根据 k_{Gini} 指数最小的原则来选择分裂属性规则。假设训练集 C 中的属性 A 将 C 划分为 C_1 与 C_2，则给定划分 C 的 k_{Gini} 指数为：

$$k_{GiniA}(C) = \frac{C_1}{|C|} k_{Gini}(C_1) + \frac{C_2}{C} k_{Gini}(C_2) \qquad (3-17)$$

决策树不能够无限增长，决策树停止生长的条件是：

- 节点的数据量小于指定值；
- Gini 指数小于阈值；
- 决策树的深度达到指定值；
- 所有特征已经使用完毕。

如果 CART 是回归树，则采用最小均方差计算原则。即对于随机划分的特征，对应的任意划分点将数据集划分为两个数据集，计算求得两个数据集均方差最小，且满足两个数据集的均方差和最小时所对应的特征及其划分点：

$$\min_{A,s} \left[\min_{c_1} \sum_{x_i \in D_1(A,s)} (y_i - c_1)^2 + \min_{c_2} \sum_{x_i \in D_2(A,s)} (y_i - c_2)^2 \right] \qquad (3-18)$$

其中，D_1 和 D_2 分别为划分的数据集，A 为任意划分的特征，s 为任意划分点，c_1 和 c_2 分别为 D_1 和 D_2 的样本输出均值。因此，随机森林的回归模型在进行预测分析时，是根据全部决策树的预测值的均值。

3.4.5　相关性分析方法

气象因素直接影响光伏发电的输出功率，因此，环境因素是在对光伏发电输出功率进行预测时不可忽视的特征条件。不同的气象因素对光伏发电输出功率的影响不同，同时，对每时每刻的气象条件的掌握有时也会有所偏差。因此，具体分析每项环境因素对光伏发电输出功率的影响程度对于后续光伏发电输出功率预测非常重要。

相关性分析就是结合数学、统计和经济学等办法对两个或多个具备相关性的变量元素进行分析，以衡量所分析的元素间的密切度。不同学科所涉及的相关性的概念也有所不同。本章在分析环境因素和光伏发电输出功率之间的相互作用关系的前提下得到影响光伏发电输出功率的主、次因素，进而选择比较重要的影响因素用于光伏预测模型的输入变量。相关系数用来量化在目标空间范围中变量元素向直线的聚拢度（郭佳，2013）。

本章首先使用皮尔森相似度分析法对光伏输出功率和相应的环境气象因素进行相关性分析，x、y 代表变量，两者的相关系数用两者的协方差之积与其标准差之积的比来表示，计算表达式为：

$$r = \sum_{i=1}^{n} (X_i - \overline{X})(Y_i - \overline{Y}) \Big/ \left(\sqrt{\sum_{i=1}^{n} (X_i - \overline{X})^2} \sqrt{\sum_{i=1}^{n} (Y_i - \overline{Y})^2} \right)$$

$$(3-19)$$

$$\overline{X} = \frac{1}{n} \sum_{i=1}^{n} X_i, \overline{Y} = \frac{1}{n} \sum_{i=1}^{n} Y_i \qquad (3-20)$$

其中，X_i 和 Y_i 为所分析的样本，n 为样本数，$\overline{X}$ 和 $\overline{Y}$ 为样本的平均值。

当 $r > 0$ 时，表示变量间呈正相关；当 $r = 1$ 时，表示特征变量间呈完全正相关；当 $r < 0$ 时，表示特征变量间呈负相关；当 $r = -1$ 时，表示特征变量间呈完全负相关；当 $r = 0$ 时，表示两个特征变量完全独立。皮尔逊

相关系数对两个特征变量之间的相关程度进行量化，通过取绝对值的方式可在 [0, 1] 区间上将不同属性的特征与其相关性进行划分。

3.4.6　预测评价标准

（1）平均绝对误差（mean absolute error，MAE）。

$$MAE = \frac{1}{m} \sum_{i=1}^{m} |e_i| = \frac{1}{m} \sum_{i=1}^{m} |x_i - \hat{x}_i| \qquad (3-21)$$

（2）均方根误差（root mean square error，RMSE）。

$$RMSE = \sqrt{\frac{1}{m} \sum_{i=1}^{m} (\hat{y}_i - y_i)^2} \qquad (3-22)$$

其中，e_i 表示误差值，x_i 表示样本数据，$\hat{x}_i$ 表示预测值，m 表示样本量。

3.5　并网型微电网发电侧光伏发电功率预测模型

3.5.1　构建基于随机森林模型的短期光伏发电功率预测模型

根据光伏发电数据以及相关影响因素数据的特点，使用优化后的 K-means 聚类分析算法 APSO-K-means 和随机森林算法构建关于短期光伏发电功率预测模型，图 3-8 展示了使用随机森林模型的短期光伏预测流程。

短期光伏预测流程具体流程如下：

（1）分析光伏发电历史数据、气象数据的特点，计算相关性；

（2）对历史数据进行预处理；

（3）根据训练集的气象特征，将训练集归类成晴天、阴天、雨（雪）天三种天气类型数据集；

（4）根据预测日预报天气类型，选择相应的天气类型的数据集，然后使用优化后的 APSO-K-means 算法进行相似日筛选，相似日历史数据和气象数据作为训练集，预测日作为测试集；

（5）使用随机森林模型进行训练，并计算预测误差。

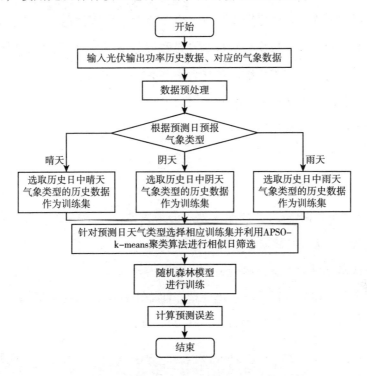

图 3-8　基于随机森林模型的短期光伏预测流程

3.5.2　并网型微电网发电侧短期光伏发电功率预测实例仿真

本书选取了我国西北部某微电网中光伏电站产出数据集作为测试对象，选择 2015 年 4 月 20 日~7 月 20 日三个月的光伏输出功率以及气象数据作为数据集。气象数据包括每日太阳辐照度、环境温度、风速以及相对湿度，分辨率为 15min，共计 91 天的数据（共 8736 个样本点），其中 90

天的数据（共 8640 个样本点）作为总训练集，7 月 20 日为预测日，该日数据作为测试集。

3.5.2.1　历史数据预处理

在微电网光伏发电短期预测中，由于模型输入数据包含气象、光伏发电历史数据等，这些数据均有量纲，且数据范围不一致。因此，对输入数据先进行归一化，可避免输入数据的量纲不统一等问题。

数据归一化方法一般是将有量纲数据映射到 [0，1] 区间进而转化成无量纲数据。比较常用的归一化方法为离差标准化，如式（3-23）所示：

$$x' = \frac{x - x_{min}}{x_{max} - x_{min}} \qquad (3-23)$$

其中，x 为原数据，x_{max} 为原始序列中的最大值，x_{min} 为原始序列中的最小值，x' 为归一化后的数据。

在数据进行训练后，输出层输出数据仍为 [0，1] 区间的数据，此时需对输出数据序列进行反归一化处理，使输出数据转化为有量纲数据。本书采用的数据反归一化公式如式（3-24）所示：

$$y' = y \times (x_{max} - x_{min}) + x_{min} \qquad (3-24)$$

其中，y 为随机森林输出序列数据，x_{max} 和 x_{min} 分别为原始序列数据的最大值和最小值，y' 为反归一化后的数据。

3.5.2.2　相关性分析

本书采用最常用的皮尔逊系数来分析讨论各影响因素与光伏发电输出功率之间的关系。通过该光伏电站 90 天的实测输出功率和气象数据进行计算，得出各个气象因素与实际功率之间的相关系数，相关度分类如表 3-3 所示，相关系数计算结果如表 3-4 所示。

表 3 – 3   相关度分类

$\|r\|$	$\|r\|=0$	$0<\|r\|\le0.3$	$0.3<\|r\|\le0.8$	$0.8<\|r\|\le1$	$\|r\|=1$
相关度	不相关	弱相关	中度相关	高度相关	完全相关

表 3 – 4   气象因子与光伏电站输出功率之间的相关系数

气象因素	辐照度	温度	相对湿度	风速
r 值	0.953	0.436	– 0.197	0.135
相关度	高度相关	中度相关	弱相关	弱相关

分析对比表 3 – 4 可知，辐照度与输出功率之间的关联程度最高，而温度与输出功率中度相关，相对湿度与输出功率之间关联度相对较弱。综上，本书将辐照度、大气温度作为模型的输入变量，由于相对湿度和风速的相关性较低，所以本书不将其计入模型的输入变量。

3.5.2.3 APSO-K-means 算法的相似日类型筛选

光伏发电输出功率不仅会受辐照度等气象因素的影响，也会或多或少地受到天气类型的影响。由于同样的天气类型一般会具有相似的气象因素，因此，光伏发电输出功率也会表现出相似的波动特征。图 3 – 9 显示了各种天气类型下光伏的输出功率。

如图 3 – 9 所示，晴天、阴天和雨天三种天气类型的光伏发电曲线特点存在明显不同，当晴天时，光伏输出功率较高且波动较小。当阴天时，光伏发电输出功率低于晴天，且具有较大的波动性。光伏发电在雨天下的输出功率最小。

因此，在对光伏输出功率进行预测的过程中，本书首先根据天气类型，将气象采集数据以及对应的光伏出力历史数据进行归类，然后针对光伏输出功率的特点以及预测日的天气类型，对相应类型的光伏发电历史数据进行聚类，确定相似日数据集，将相似日的光伏发电输出功率历史数据和气象数据输入随机森林进行训练。本书采用优化后的 APSO-K-means 算法对相似日进行筛选。相似日筛选流程如图 3 – 10 所示。

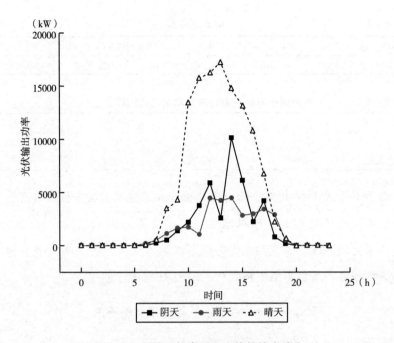

图 3-9　不同天气类型下光伏的输出功率

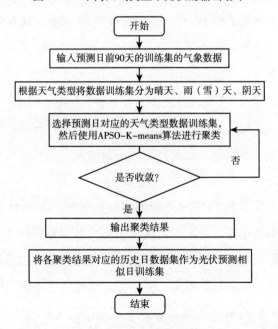

图 3-10　相似日筛选流程

图3－10为基于APSO-K-means算法的相似日筛选流程，本书选择预测日前90天的光伏发电历史数据和气象数据作为初始训练集。使用APSO-K-means算法对训练集进行聚类，运算每组数据对象到聚类中心的距离，并不断调整新的聚类中心，对历史数据作聚类处理。

表3－5为根据天气类型对数据进行分类的结果，图3－11为对2015年4月20日~2015年7月19日三个月90天历史日进行分类后的数据集聚类分析结果。本书在使用APSO-K-means聚类过程中通过不断的计算和调整选择聚类簇3，从图3－11中可以看出APSO-K-means算法对历史数据进行聚类后的聚类结果比较明显。可将该聚类结果作为随机森林模型的训练集进而对预测日的光伏发电功率进行短期预测。

表3－5　　　　　　　　　　数据集分类结果

项目	晴天	阴天	雨天
分类数据集（天）	55	21	14
样本点	5280	2016	1344

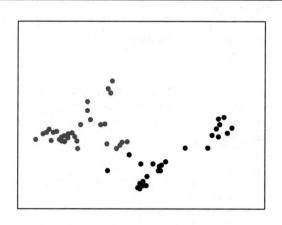

图3－11　基于APSO-K-means聚类结果

3.5.2.4　基于随机森林算法的光伏出力预测流程

本书选取2015年4月20日~2015年7月20日作为光伏输出功率预测

数据集，7 月 20 日前 90 天中通过分类再聚类后得到的相似日数据集的光
伏发电历史输出功率数据、气象因素等数据作为训练输入数据，次日的光
伏输出数据作为训练输出。本书使用 MATLAB 进行实验仿真，随机森林算
法预测流程如图 3 - 12 所示。

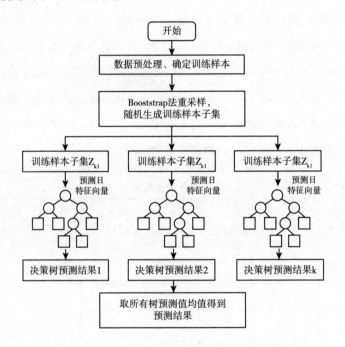

图 3 - 12　基于随机森林算法光伏出力预测流程

3.5.2.5　预测结果分析

　　本书选择 2015 年 7 月 20 日作为光伏发电输出功率的预测日，具体预
测流程已在前面进行详细介绍。选取该预测日的前 90 天的光伏发电输出功
率历史数据和气象数据作为训练集，并对该训练集使用 APSO-K-means 算
法进行聚类分析。将该聚类结果中与预测日天气预报和气象类型同类型的
相似日的历史数据作为随机森林光伏发电预测模型的训练集，然后对预测
日的光伏发电输出功率进行预测。为了验证本书所构建的光伏发电预测模

型的有效性，选择预测研究中广泛使用的 BP 神经网络（back propagation neuron network，BP）算法以及 LSTM 神经网络算法，并对同一预测日进行了预测，预测结果如图 3 - 13 所示。

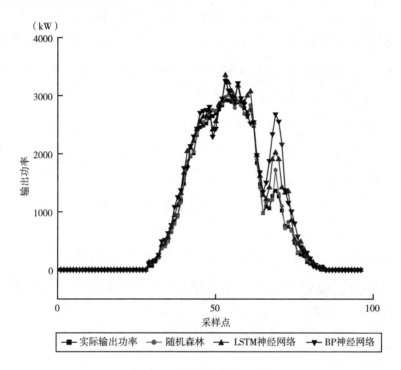

图 3 - 13　光伏发电的预测结果

图 3 - 13 为基于 APSO-K-means 的随机森林预测模型、BP 神经网络算法以及 LSTM 神经网络算法的预测结果与实际光伏发电输出功率的比较。从图 3 - 13 中可以明显看出，本书所述基于随机森林的光伏发电预测方法所得出的预测结果与实际光伏发电数据更为接近，LSTM 神经网络算法次之，而相比于其他两种方法，BP 神经网络所得出的预测结果与实际数据偏差较大。

通过预测模型预测结果评价方法对三种预测方法进行结果校验，如表 3 - 6 所示。

表 3 - 6   光伏发电功率短期预测结果校验

评价指标	相似日优化的随机森林算法	LSTM 神经网络算法	BP 神经网络算法
MAE	252.0849	626.0299	649.6593
RMSE	504.4314	1008.182	1197.618

由表 3 - 6 可知，本书所述的基于相似日优化的随机森林算法得出的光伏发电功率短期预测结果较好，预测结果的平均绝对误差 MAE 为 252.0849，该方法的均方根误差 RMSE 为 504.4314，两种评价方法的评价结果均为最低，也就是说，相比于 LSTM 神经网络算法和 BP 神经网络算法，本书所提算法的预测精度最高，预测效果最好。LSTM 神经网络算法预测结果的平均绝对误差 MAE 为 626.0299，该方法的均方根误差 RMSE 为 1008.182。相比于本书所提出的算法，LSTM 神经网络算法的预测精度较低，但是却优于 BP 神经网络算法。而 BP 神经网络算法对光伏发电输出功率的预测误差最大，其预测评价指标 MAE 为 649.6593，其评价指标 RMSE 为 1197.618，因此，与研究领域内的常用方法相比，本书所述方法能够更好地对光伏发电功率作出准确的预测。

3.6　并网型微电网发电侧风电功率预测模型

3.6.1　构建基于随机森林的短期风电功率预测模型

根据光伏发电数据以及相关影响因素数据的特点，使用 APSO-K-means 聚类分析和随机森林算法构建关于短期风电功率预测模型，图 3 - 14 展示了使用随机森林模型的短期风电预测流程。

风电预测具体流程如下：

（1）分析风电历史数据、气象数据的特点，计算相关性。

（2）对历史数据进行预处理。

（3）使用 APSO 算法对 K-means 算法进行优化，然后使用优化后的 APSO-K-means 算法进行相似日筛选。

（4）使用随机森林模型进行训练，并计算预测误差。

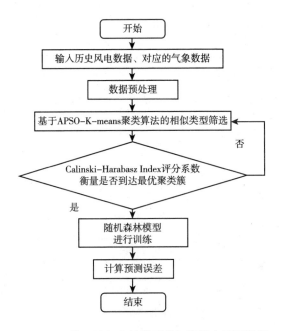

图 3 - 14　基于随机森林模型的短期风电预测流程

3.6.2　并网型微电网发电侧短期风电功率预测实例仿真

本书选取了我国西北部某微电网中风电场产出数据集作为测试对象，选择 2015 年 4 月至 2015 年 7 月的实测风电场风力发电功率以及 10 米高的风速、10 米高的风向（纬度）、10 米高的风向（经度）、温度的气象数据，分辨率为 15min，共计 91 天的数据（8832 个样本点），其中将 90 天的数据（共 8736 个样本点）作为总训练集。首先，对历史数据进行预处理，通过离差标准化方法对数据进行归一化，本书在第 3.4.2.1 节对归一化方法进行了详细描述，因此本节不再赘述。其次，通过 APSO-K-means 聚类算法进行相似日类型筛选。最后，使用随机森林模型进行风电场发电功率预测，并与常用方法 BP 神经网络和 LSTM 神经网络进行对比，计算预测误差，以验证所提模型的预测能力。

3.6.2.1 相关性分析

本书采用最常用的皮尔逊系数来分析讨论各影响因素与风电场风力发电之间的关系。通过该风电场 2015 年 4 月 20 日至 2015 年 7 月 20 日的 91 天实测输出功率和气象数据进行计算，得出各个气象因素与实际功率之间的相关系数，计算结果如表 3 - 7 所示。

表 3 - 7　　　气象因子与光伏电站输出功率之间的相关系数

气象因素	10 米风速	风向（经度）	风向（纬度）	温度
r 值	0.834	0.533	0.328	0.147
相关度	高度相关	中度相关	中度相关	弱相关

分析对比表 3 - 7 可知，风速与输出功率之间的关联程度最高，而温度与输出功率呈弱相关，风向与输出功率之间呈中度相关。综上，本书将 10 米风速、风向（经度）、风向（纬度）作为模型的输入变量，由于温度与输出功率的相关性较低，所以本书不将其计入模型的输入变量。

3.6.2.2 基于 APSO-K-means 聚类的相似日选取

为了提高风电模型的预测精度，本书使用了基于 APSO-K-means 聚类的相似日选取策略。首先，使用 APSO 算法优化 K-means 聚类算法；其次，对历史风电数据进行聚类，再根据测试数据与历史数据聚类的相似度大小，选取最相似的一个或几个聚类作为模型的训练数据。

聚类过程中聚类簇的数量可以直接影响到聚类结果的优劣。由于聚类方法是无监督学习，并不能直接进行评价，因此，在进行聚类计算时，可以选择使用簇内部的稠密度以及簇间的离散度来对聚类的结果进行评价。本书将借助方差比准则（Calinski-Harabasz Index）评分系数衡量聚类的效果好坏，该系数的计算公式如下：

$$s(k) = \frac{tr(B_k)}{tr(W_k)} \frac{m-K}{K-1} \qquad (3-25)$$

其中，m 为样本数目；K 为聚类簇数目；B_k 表示类别之间的协方差矩阵；W_k 表示某个聚类簇内部的协方差矩阵；$tr(\ )$ 表示计算矩阵的迹（trace）。

图 3-15 描述了聚类效果评分随聚类簇数目的变化曲线，显示了聚类簇数目在 2~40 改变时的聚类评分结果。从图 3-15 中能够观察到，随着聚类簇数目的不断增加，评分结果也随之增大，当聚类数目增加到 8 个时，聚类评分达到最高点。然而随着聚类簇数目继续增加，聚类性能反而降低。所以本书将对风电历史数据样本分为 8 个聚类簇。

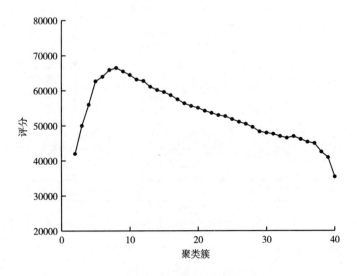

图 3-15 评分系数随聚类数变化曲线

3.6.2.3 基于随机森林算法的风电短期预测结果分析

随机森林算法预测流程如图 3-16 所示。

（1）将风电数据以及相对应的气象数据进行归一化处理，同时，计算影响因素相关性。

（2）分别使用优化的 K-means 聚类算法 APSO-K-means 筛选出相似日，从而选取训练集。

（3）基于随机森林模型构建光伏及风电场出力预测模型，对光伏发电和风电进行预测。

（4）将本书所构建的预测模型与 BP 神经网络模型、LSTM 神经网络模型预测结果进行对比，以验证本书所提模型的有效性。

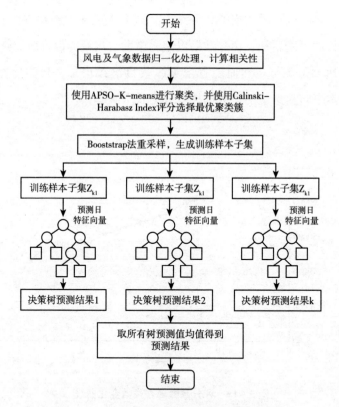

图 3 - 16　基于随机森林算法短期风电预测流程

基于随机森林算法的风电短期预测结果如图 3 - 17 所示。

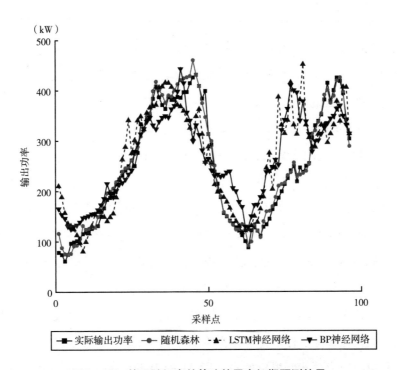

图 3 - 17   基于随机森林算法的风电短期预测结果

图 3 - 17 为基于随机森林模型、BP 神经网络算法以及 LSTM 神经网络算法的预测结果与实际风电功率数据的对比。由图 3 - 17 可知，本书所述基于随机森林的光伏发电预测方法所得出的预测结果与实际风电数据更为接近，LSTM 神经网络算法次之，而相比于其他两种方法，BP 神经网络算法所得出的预测结果与实际数据偏差较大。

通过预测模型预测结果评价方法对三种预测方法进行结果校验，如表 3 - 8 所示。

表 3 - 8   风电功率短期预测结果校验

评价指标	随机森林算法	LSTM 神经网络算法	BP 神经网络算法
MAE	51.6689	257.2288	260.9234
RMSE	64.7315	314.2996	363.5824

由表 3 - 8 可知，本书所述的基于相似日聚类优化的随机森林算法得出的光伏发电功率短期预测结果较好，预测结果的平均绝对误差 MAE 为 51.6689，该方法的均方根误差 RMSE 为 64.7315，两种评价方法的评价结果均为最低，也就是说，相比于 LSTM 神经网络算法和 BP 神经网络算法，基于 APSO-K-means 聚类的随机森林预测模型的预测精度最高，预测效果最好。LSTM 神经网络算法的误差评价结果 MAE 为 257.2288，该方法的误差评价结果 RMSE 为 314.2996。相比于本书所提出的相似日聚类优化的随机森林算法，LSTM 神经网络算法的预测精度较低，但是优于 BP 神经网络算法。而 BP 神经网络算法对光伏发电输出功率的预测误差最大，其预测评价指标 MAE 为 260.9234，其评价指标 RMSE 为 363.5824，因此，与研究领域内的常用方法相比，本书所述的基于随机森林的短期风电预测方法能够更好地对风电功率作出准确的预测。此外，本书使用的数据样本具有较强的波动性和随机性的特征，相关的影响因素较多，因此本书针对短期光伏和风电出力预测所提出的先利用 APSO 优化 K-means 算法并进行聚类分析，再使用 RF 算法通过相似日筛选对光伏和风电出力的预测方法 AP-SO-K-means - RF，适用于相关因素较多、波动性强以及非小样本的数据类型。

3.7　本章小结

本章介绍了光伏发电特性及其影响因素，以及风力发电特性及其影响因素。此外，研究并分析了光伏发电数据和风电数据所包含的特征和特性，以及因素间的相关性。首先，提出了改进粒子群算法，在粒子群优化算法中增加一个"动量"因子，以增加粒子的自适应惯性，提高粒子群优化算法的全局搜索能力。并使用基准函数对改进的粒子群算法 APSO、未作改进的粒子群算法 PSO、灰狼算法 GWO、飞蛾扑火算法 MFO、鲸鱼算法 WOA 进行测试。测试结果显示，改进的 APSO 算法具有更优的寻优精度和更好的全局搜索能力。其次，使用改进的粒子群算法 APSO 对 K-means 聚类算法进行优化改进，并根据光伏数据和风电数据特征，对其进行聚类分析，筛选预测日的相似日组成训练集。最后，分别构建基于随机森林模型的短期光伏发电预测模型和基于随机森林模型的短期风电预测模型。通过实际算例，与常用方法 BP 神经网络算法和 LSTM 神经网络算法进行对比，从而验证了本书提出的微电网发电侧光伏和风电出力预测模型的有效性。仿真结果显示，基于 APSO-K-means 聚类的随机森林模型的短期光伏预测模型的 MAE 和 RMSE 值分别为 252.084 和 504.4314，基于随机森林模型的短期风电预测模型的 MAE 和 RMSE 值分别为 51.6689 和 64.7315，相比于 BP 神经网络算法和 LSTM 神经网络算法两种方法，本书所提出的模型均具有较高的预测精度，可以应用于微电网光伏和风电功率的实际预测中。微电网光伏发电和风力发电功率预测的准确度，对后面章节构建微电网电力交易市场以及并网型微电网电力调度运行优化管理至关重要，是微电网交易市场运营和调度优化运行的前提。微电网交易市场可根据预测结果，合理发布交易信息，确保交易稳步进行，同时调度机构可以根据准确的交易信息合理规划各种供电电源，最大限度地利用光伏和风电，提高光伏和风电的使用率，解决新能源就地消纳问题，减少对大电网的冲击，为优化微电网交易市场和调度运行提供了有力依据。

第4章

并网型微电网需求侧用户负荷预测

用户负荷预测是并网型微电网市场交易和调度运行管理的重要环节，准确的负荷预测是微电网进行市场交易和调度运行的基础。通过对负荷的准确预测，微电网交易市场可以提前制定交易策略，微电网调度系统也可以提前规划电力调配计划。在与大电网并网运行时，可以合理规划与大电网的能量交互，进而提高微电网的整体运行效益。

本章主要的研究重点是针对微电网超短期负荷预测，首先，构建基于时间序列模型 ARIMA、灰色模型 RGM 和支持向量回归机 SVR 的用户负荷标准差组合预测模型；其次，选择预测效果较好的标准差组合预测模型优化组合权重，从而构建基于自适应权重的微电网用户负荷组合预测模型，并验证算法的合理性和准确率。

4.1 微电网负荷预测研究现状

负荷预测的主要目的是提高电能利用率，平衡电力供需，为制定电力交易策略和调度规划提供准确的信息支持。负荷预测是电力系统的可靠性和经济性的关键，已成为电力系统运行规划者和研究人员的一个关键问题。尤其是对于接入高比例可再生能源的微电网，其经济运营及调度运行都对电力负荷预测有较高的依赖。负荷预测的准确性极大程度地影响到微电网系统规划、电力交易、系统维护、能量调度等，因此提高电力负荷预测的准确率，对微电网具有重要意义（Niu，2010）。

根据预测过程的时长范围可将负荷预测分为四类：超短期、短期、中期和长期负荷预测（Hong，2016）。长期预测一般是指预测 1～50 年的用电量，而中期预测的时间尺度一般是一个月至一年。短期预测是指一小时至一周。超短期预测一般作为单独的类别，是指提前几分钟到一个小时的电力消耗预测。

长期和中期预测对于电力系统发展的战略规划都非常重要，这包括发电、配电规划、日常维护以及长期管理运行规划等（Friedrich，2015）。当对负荷预测进行建模时，长期和短期预测的主要区别在于输入变量。长期预测可能仅使用长期负荷历史数据作为输入变量，如年度消费数据（Hamzacebi，2014）。而国内生产总值、人均国内生产总值以及人口数量也可作为长期预测的额外的输入变量（Gross，1987）。短期以及超短期负荷预测的准确性直接影响到发电计划、电力系统调度、经济运行等方面。尤其是随着可再生能源在电力系统中渗透率的增加以及微电网的迅速发展，为了降低微电网系统运营财务风险及管理成本、提高系统的可靠性以及系统维护，短期以及超短期负荷预测变得更加重要（袁超，2015）。此外，短期电力负荷预测的结果可以进一步用于电价预测研究（Eran, 2015）。由于短期负荷预测在电力系统的经济和安全运行策略方面以及电力交易中起着关键作用，已成为近年来国内外学者主要关注的负荷预测研究方向。然而，短期负荷预测是否可以平衡微电网供需以及降低运行成本，关键在于其预测精度，因此，提高负荷预测的精度是目前国内外研究负荷预测理论和方法的重点与难点。

短期电力负荷预测的一般流程是将天气和负荷历史作为建模过程的输入，以利用天气预报数据的累积来对外推过程进行建模。目前，适用于此预测建模流程的预测方法可分为两种：基于统计的模型和基于人工智能的模型。统计的模型组包括基于多元回归、AR、MA、ARMA 和 ARIMA 的方法。ARMA、ARIMA 等模型非常适合捕捉短期数据间的相关性，模型原理比较简单（Torres, 2015）。基于人工智能的模型包括 GM（Xiong, 2014）、ANN（Raza, 2015）、SVM（Niu, 2010）和 FL（Ba, 2012）、深度学习方法（deep learning, DL）（Mamun, 2020）等。目前，最广泛使用的方法是自 20 世纪 80 年代以来在该领域应用的基于人工神经网络的方法。该方法在使用足够数量的隐藏层和隐藏层中足够数量的节点的前提下，可以逼近任何复杂的函数。然而，人工神经网络仍有一些缺陷，如参数初始化、收敛速度慢、陷入不良的局部最小值以及神经网络的可扩展性等（Dedinec, 2016）。DL 具有学习能力强的优点，包括深度信念网络（deep belief network, DBN）和循环神经网络（recurrent neural network, RNN）等，广泛应用于预测研究中。然而，该类方法需要大量样本来训练模型，此外，可能出现过拟合问题（Sehovac, 2020）。

相比于负荷预测的单一模型，组合模型可以集成单一模型的优势，具有更高的预测精度。组合模型通常是两种或多种单一方法的组合，其中每种方法都有助于使预测更加准确和有效。组合模型中的单一方法的选择需要根据数据类型特点、模型使用范围以及预测目标来决定，SVM 和 ANN

是目前常用的两种用于组合模型的单一方法，相比于 ANN，SVM 能够很好地处理非结构化和半结构化数据，关键在于内核函数的选择。恰当的内核函数的选择可以解决比较复杂的预测问题。段其昌等（2012）结合了带扩展记忆的 PSO 和 SVM 用于短期电力负荷预测，实例仿真结果验证了所提组合模型的预测精度高于 BP 神经网络。

4.2 并网型微电网需求侧用户负荷预测研究方法

4.2.1 滚动灰色模型

在控制理论科学研究中，当涉及信息的确定程度时，常用色彩的深浅程度来表达，例如白色、灰色、黑色。其中，"灰色"常用于形容不完全明确的信息。不完全明确的信息系统则称为灰色系统。由灰色系统发展的一些理论和方法被称为灰色系统理论，其中，灰色系统模型（grey model，GM）是灰色系统理论最基础也是最重要的模型方法。

最简单的 GM(1，1) 模型实现预测仅需要在模型训练时输入四个历史数据。在预测领域中，我们所涉及的许多产业数据样本量都比较小，因此 GM(1,1) 模型可以帮助这类小样本或者少量数据缺失的领域进行预测研究。GM(1，1) 模型的构建过程主要分为三步：累加生成算子（accumulated generating operation，AGO）、逆累加生成算子（inverse accumulated generating operation，IAGO），以及预测模型 GM(1，1)。GM(1，1) 具体建模步骤如下（Deng，1982）。

步骤一，设 $x^{(0)}$ 为原始序列：

$$x^{(0)} = \{x^{(0)}(1), x^{(0)}(2), \cdots, x^{(0)}(n)\} \tag{4-1}$$

对原始序列 $x^{(0)}$ 进行一次累加生成，记为 1 - AGO，得到生成序列：

$$x^{(1)} = \{x^{(1)}(1), x^{(1)}(2), \cdots, x^{(1)}(n)\} \tag{4-2}$$

步骤二，假定 $x^{(1)}$ 连续可微，且满足一阶线性微分方程：

$$\begin{cases} \dfrac{\mathrm{d}x^{(1)}(t)}{\mathrm{d}t} + ax^{(1)}(t) = u \\ x^{(1)}(t) \mid t = 0 = x^{(0)}(1) \end{cases} \tag{4-3}$$

其中，a，u 为待定参数。

步骤三，将式（4-3）离散化，微分方程变为差分方程，得到的差分方程如下：

$$x^{(0)}(t) + az^{(1)}(t) = u \tag{4-4}$$

其中，$z^{(1)}(t) = \{z^{(1)}(1), z^{(1)}(2), \cdots, z^{(1)}(n)\}$，是由 $x^{(1)}(t)$ 构造出的背景值序列，即：

$$z^{(1)}(t) = \lambda x^{(1)}(t-1) + (1-\lambda)x^{(1)}(t), t = 2, 3, \cdots, n \quad \lambda \in [0,1] \tag{4-5}$$

一般取 $\lambda = 0.5$。

步骤四，求解 a，u 参数，利用最小二乘法，可以解得式（4-3）中的参数 a，u：

$$\hat{a} = [a, u]^{\mathrm{T}} = (B^{\mathrm{T}}, B)^{-1} B^{\mathrm{T}} Y_N \tag{4-6}$$

其中，
$$B = \begin{bmatrix} -z^{(1)}(2) & 1 \\ -z^{(1)}(3) & 1 \\ \vdots & \vdots \\ -z^{(1)}(n) & 1 \end{bmatrix}, Y_N = \begin{bmatrix} x^{(0)}(2) \\ x^{(0)}(3) \\ \vdots \\ x^{(0)}(n) \end{bmatrix} \tag{4-7}$$

步骤五，建立预测公式，求出参数 a，u 后，解式（4-7）得：

$$\hat{x}^{(1)}(t) = \left(x^{(0)}(1) - \frac{u}{a} \right) e^{-a(t-1)} + \frac{u}{a} \qquad (4-8)$$

对式（4 – 8）做一次累减生成，得到预测公式为：

$$\hat{x}^{(0)}(t) = \left(x^{(0)}(1) - \frac{u}{a} \right)(1 - e^{a}) + e^{-a(t-1)} \qquad (4-9)$$

从理论上说，随着预测区间加大，未来的一些不确定的因素会对预测系统造成一定的影响，对于 GM(1, 1) 预测模型而言，在 $x^{(0)}(n)$ 之后的几个预测数据比较准确，受不确定因素的影响较小，随着预测时间推移，预测数据只能作为规划性的参考数据（Akay，2007）。

于是，提出一种改进的预测方法：根据已知数列建立 GM(1, 1) 模型，预测一个灰数值，然后补充在序列后，构成信息数列。每增加一个新数据，建立一个信息 GM(1, 1) 模型，同时，因为旧数据不再能很好地映射新情况，故新旧数据进行替换，从而保证整体序列的维数不变，再建立 GM(1, 1) 模型，完成预测目标。每预测一步，参数做一次修正，模型得到改进，预测值产生于动态之中，这种预测方法就是"带有滚动机制的灰色预测模型（RGM）"。建模步骤如下。

步骤一：用原始数据 $x_0^{(0)} = (x^{(0)}(1), x^{(0)}(0), \cdots, x^{(0)}(n))$ 建立 GM(1,1) 模型。

步骤二：预测结果得到一个新的预测值，记为 $\overline{x}(n+1)$，将其添加到原始数据 $x_0^{(0)}$ 中，并去掉一个最陈旧的原始数据 $x^{(0)}(1)$，以保持原始数据的维数不变，新序列记为 $x_1^{(0)}$。

步骤三：用 $x_1^{(0)} = (x^{(0)}(2), x^{(0)}(3), \cdots, x^{(0)}(n), \overline{x}_1(n+1))$ 再建立 GM(1, 1) 模型。

步骤四：预测下一个值，记为 $\overline{x}_2(n+1)$。将其添加到原始数据 $x_1^{(0)}$ 中，并去掉一个最陈旧的原始数据 $x^{(0)}(2)$，形成新序列：$x_2^{(0)}$。

按照这个流程去旧添新，直至实现预测目标。每进行一次预测，修正一次参数，进而改进一次模型。

4.2.2 自回归求积移动平均模型

非平稳序列具有较强的随机性，1970 年博克斯－詹金斯（Box-Jenkins，1990）提出了以随机理论为基础的时间序列分析方法，该类方法可以很好地解决非平稳序列的预测问题，其基本模型包括：AR 模型、MA 模型、自回归求积移动平均模型 ARIMA。其中，ARIMA 模型利用 AR、单整项（integration）和 MA 对序列的扰动项进行建模分析，这种建模方法是使用外推机制来对时间序列的变化进行分析和描述，与此同时，结合了预测变量的历史值、当前值以及误差，进而在很大程度上提高了预测模型的精度。

对于单整序列 Y_t 可以通过 d 次差分将非平稳序列转化为平稳序列 X_t，然后，将平稳序列 X_t 拟合为 ARMA(p, q) 模型。

ARMA(p, q) 模型由模型 AR(p) 和模型 MA(q) 组成，AR(p) 是指阶数为 p 的自回归模型，表达式如下：

$$X_t = c_c + \varphi_1 X_{t-1} + \cdots + \varphi_p X_{t-p} + u_t \qquad (4-10)$$

其中，φ_1，$\cdots$，φ_p 为模型参数，c_c 为常数，随机变量 u_t 为白噪声序列。

模型 MA(q) 是指阶数为 q 的移动平均模型，表达式如下：

$$X_t = \mu + \varepsilon_t + \theta_1 \varepsilon_{t-1} + \cdots + \theta_q \varepsilon_{t-q} \qquad (4-11)$$

其中，θ_1，$\cdots$，θ_q 为模型参数，μ 为 X_t 的期望值（通常假设为 0），ε_t，ε_{t-1}，$\cdots$，ε_{t-q} 为白噪声序列的误差项。

则 ARMA(p, q) 模型的表达式如下：

$$X_t = c + \varphi_1 X_{t-1} + \cdots + \varphi_p X_{t-p} + \varepsilon_t + \theta_1 \varepsilon_{t-1} + \cdots + \theta_q \varepsilon_{t-q}$$

$$(4-12)$$

ARMA(p, q) 模型经过了 d 阶差分变换得到 ARIMA(p, d, q) 模型。ARIMA(p, d, q) 模型中参数 p 是模型 AR(p) 的阶数，d 是差分度，q 是模型 MA(q) 的阶数。

ARIMA(p, d, q) 模型的构建及参数的确定概括为四步：第一，应确认时间序列是否平稳，平稳的时间序列是构建此模型的基本条件，对于不平稳的时间序列，在构建模型之前应该对其进行平稳化处理，即，一般时间序列经过 d 阶差分后，基本可以成为平稳序列。第二，需要确定模型的主要参数，通过差分可以确定 d 的数值，然后通过自相关函数和偏相关函数能够确定 q 值和 p 值。第三，模型参数确定后，对模型的显著性进行检验，确定各参数的合理性，验证模型的设置是否符合规范。第四，代入样本进行训练，对样本数据进行拟合验证，确定 ARIMA(p, d, q) 模型。

4.2.3　支持向量回归机

SVM 是由万普尼克（Vapnik）和科尔特斯（Cortes）于 1995 年提出的（丁世飞，2011）。SVM 是在对非大样本的数据所包含的信息进行分析的前提下，降低模型复杂性，提高模型的学习能力，进而优化模型的预测效果。另外，SVM 可以不受"高维数"和"过学习"等问题的困扰，在解决小样本、高维度和非线性等难题上具有非常好的泛化性。

支持向量回归机（support vector regression，SVR）是 SVM 在回归研究方面的延伸，通过引入不敏感损失函数，将分类方法延伸到回归预测。SVR 与 SVM 解决分类问题相似，在空间中寻找到一个回归平面，使训练集所包含的全部数据与超平面的距离之和最短。

SVR 的基本原理是把输入因子 x 通过非线性映射 φ 映射到高维特征空间做线性回归，即求函数表达式 $f(x)$。建模步骤如下。

步骤一，给定一数集 $G = \{(x_i, y_i)\}_{i=1}^{n}$，$x_i$ 是输入因子，y_i 是期望值，

n 是数据点的总数，则所求函数表达式如下：

$$f(x) = \omega^{\mathrm{T}} \varphi(x_i) + b \tag{4-13}$$

其中，ω、b 是需要进行辨识的参数。

步骤二，根据结构风险最小化原则，对 ω，b 进行参数估计：

$$\begin{cases} \min J = \dfrac{1}{2} \parallel w \parallel^2 + C \sum_{i=1}^{n} (\xi_i + \xi_i^*) \\ \text{s. t.} \begin{cases} y_i - f(x_i) \leqslant \varepsilon + \xi_i \\ f(x_i) - y_i \leqslant \xi + \xi_i^* \\ \xi_i \geqslant 0, \xi_i^* \geqslant 0, i = 1,2,\cdots n \end{cases} \end{cases} \tag{4-14}$$

其中，$\parallel w \parallel^2$ 为置信风险；C 为惩罚参数；ε 是不敏感系数，用于拟合精度；ξ_i^*、ξ_i 是松弛变量。

步骤三，为便于求解，将式（4-14）转化为对偶问题，则可得非线性函数 $f(x)$：

$$f(x) = \sum_{i=1}^{l} (\alpha_i - \alpha_i^*) K(X_i, X) + b \tag{4-15}$$

其中，α_i 和 α_i^* 为支持向量参数，$K(X_t, X)$ 是内积函数。

步骤四，根据 Mercer 条件，定义核函数。因为径向基函数（radial basis function，RBF）是良好的通用内核，能够实现非线性投影。故选择径向基核函数：

$$K(X_t, X) = \exp\left(-\frac{\parallel x_i - x_v \parallel^2}{\sigma^2} \right) \tag{4-16}$$

将式（4-16）代入式（4-15），经过等价交换可得到式（4-17）：

$$f(x) = \sum_{j=1}^{l} a_j \exp\left\{ -\frac{\parallel x_j - x_v \parallel^2}{\sigma^2} \right\} + b \tag{4-17}$$

其中，a_j 是支持向量所对应的参数值；x_j 是训练输入数据向量；x_v 是预测输入数据向量；$f(x)$ 为输出向量集合。式（4-17）经过运算会得到预测的参数 a_j 和 b，从而得到预测模型。

4.3 基于标准差法的组合预测模型

针对用户负荷预测，常用的预测模型中属于时间序列模型的自回归求积移动平均模型 ARIMA 和灰色预测模型中的滚动灰色模型 RGM 对短期预测有较好的表现。此外，人工智能中 SVR 模型具有较好的学习能力和泛化能力。因此，本书针对微电网超短期负荷预测，拟将 ARIMA 和 RGM 与 SVR 进行组合，构建基于标准差的组合预测模型。在本节中，将详细介绍基于标准差法的组合预测模型的建模原则和方法流程，如图 4-1 所示。

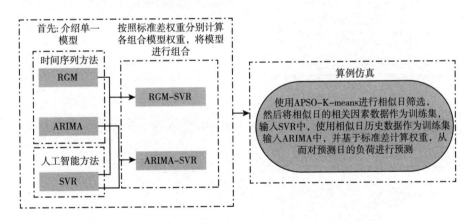

图 4-1 基于标准差组合预测模型的用户负荷预测整体框架

4.3.1 标准差法确定组合权重

标准差权重法是比较常见的权重计算方法，计算公式如下：

设预测方法的标准差分别为 e_1，e_2，$\cdots$，e_m，且，

$$e = \sum_{i=1}^{m} e_i (i = 1, 2, \cdots, m) \qquad (4-18)$$

取 $\quad \omega_i = \dfrac{e - e_i}{e} \cdot \dfrac{1}{m-1}$（$i = 1$，$2$，$\cdots m$；$m$ 为模型个数）$\quad(4-19)$

4.3.2 RGM-SVR 组合模型

RGM-SVR 组合预测模型的建模流程如图 4–2 所示。

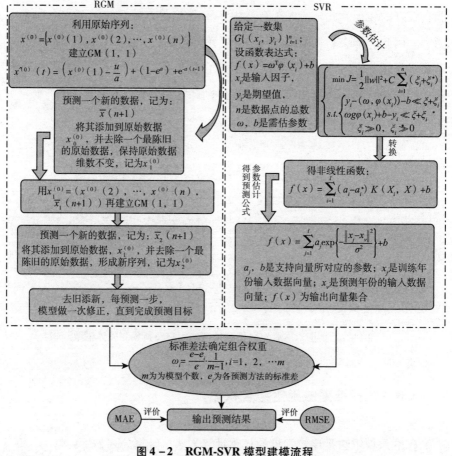

图 4–2 RGM-SVR 模型建模流程

建模步骤如下所述。

步骤一：构建 SVR 模型，将影响用户负荷的因素的历史数据进行预处理，然后作为 SVR 的输入去训练模型，以估计模型参数，SVR 模型参数经过反复试验，确定当 $C_{svr} = 10000$，$\sigma^2 = 0.01$ 时拟合结果最优；

步骤二：构建 RGM(1，1) 预测模型，将历史负荷数据作为训练集代入模型进行参数估计，由于训练样本不变，则 SVR 模型的估计参数不变。RGM 是带有滚动机制的 GM(1，1) 模型，故其参数也有所变化，参数估计结果如表 4-1 所示；

步骤三：将 RGM(1，1) 模型和 SVR 模型预测结果按照标准差法确定组合权重，按照各模型所分配的权重构建组合预测模型，权重分配为 $\omega_{RGM(1,1)} = 0.2201$，$\omega_{SVR} = 0.7799$；

步骤四：用 MAE、RMSE 两种评价指标评判 RGM(1，1)-SVR 组合预测模型的预测精度。

表 4-1　　　　　　　　　　　**RGM 参数估计值**

模型参数	a_1	a_2	a_3	a_4	u_1	u_2	u_3	u_4
估计值	-0.055	0.054	0.059	0.055	2.651	2.815	2.930	3.101

4.3.3 ARIMA-SVR 组合模型

ARIMA-SVR 组合模型的建模流程如图 4-3 所示。

建模步骤如下所述。

步骤一：构建 SVR 模型，将影响用户负荷的因素的历史数据进行预处理，然后作为 SVR 的输入去训练模型，以估计模型参数，SVR 模型参数经过反复试验，确定当 $C_{svr} = 10000$，$\sigma^2 = 0.01$ 时拟合结果最优；

步骤二：建立关于微电网负荷预测的 ARIMA(p，d，q) 模型，检验输入样本是否是平稳型的时间序列；

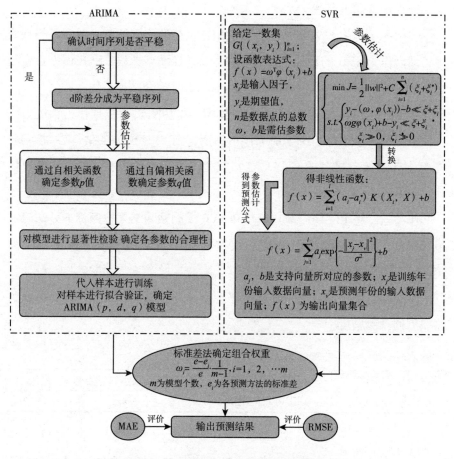

图 4 – 3 ARIMA-SVR 模型建模流程

步骤三：对样本进行时间序列的差分 d，先做一阶差分，观察序列，依次进行差分，d 阶后序列趋于平稳，差分阶数即为 ARIMA 模型的参数 d；

步骤四：估计参数 p，q，检查平稳时间序列的自相关图和偏相关图，通过两图观察得到 q，p，确定 ARIMA 模型参数如表 4 – 2 所示；

步骤五：将 ARIMA 模型和 SVR 模型预测结果按照标准差法确定组合权重，按照各模型所分配的权重构建组合预测模型，权重分配为 $\omega_{RGM(1,1)} =$

0.2201，$\omega_{SVR} = 0.7799$；

步骤六：用 MAE、RMSE 两种评价指标评判 ARIMA-SVR 组合预测模型的预测精度。

表 4 – 2   **ARIMA 参数估计**

模型参数	p	d	q
估计值	2	1	2

4.4   自适应权重组合预测模型

组合预测模型最常用的方法是线性和非线性组合，但是当所预测系统预测精度不稳定时，固定的权重组合不能及时根据所预测系统的变化进行调整，泛化性能较差。此时，自适应可变权重组合可以及时调整各个单项预测模型的权重，提高组合模型整体的预测精度，增强模型的泛化能力。故本节利用改进的 APSO 算法对组合预测模型进行优化，改进粒子群算法已在第 3 章进行阐述，从而建立一个准确率高、泛化性好的自适应组合预测模型 APSO-ARIMA-SVR，该研究整体思路框架如图 4 – 3 所示。

负荷数据具有周期性的特点，因此历史用户负荷数据对于用户负荷预测是比较值得参考的特点，因此，基于各类预测模型的优势，结合本书负荷数据特点，选择 ARIMA 预测模型和 SVR 模型进行组合，并利用自适应惯性权重的改进粒子群算法确定两个预测模型的组合权重，从而建立自适应最优权重组合预测模型。在本节中，将详细介绍基于自适应惯性权重的组合预测模型的建模原则和方法流程，如图 4 – 4 所示。

建模步骤如下所述。

步骤一：分别基于 SVR 模型和 ARIMA 模型构建关于微电网用户负荷预测模型，代入样本训练集，确定模型所需参数如表 4 – 1 和表 4 – 2 所示；

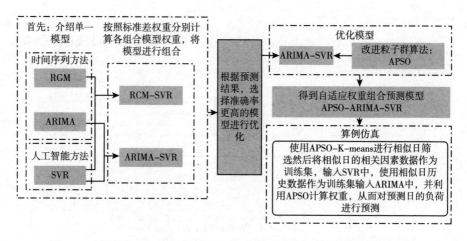

图 4 - 4　基于自适应惯性权重的组合预测模型的用户负荷预测整体框架

步骤二：以预测误差绝对值和作为组合预测模型自适应权重分配的代价函数，表达式如下：

$$minQ = \sum_{i=1}^{n} |e_i| \tag{4-20}$$

步骤三：按照自适应惯性权重的改进粒子群算法寻找最优组合预测模型权重，得出最优组合预测模型：

$$x_{i(APSO-RGM-SVR)} = \omega_i x_{i(RGM)} + (1 - \omega_i) x_{i(SVR)} \tag{4-21}$$

步骤四：用 MAE、RMSE 两种评价指标评判 APSO-ARIMA-SVR 组合预测模型的预测精度。

4.5　并网型微电网需求侧用户负荷预测实例仿真

4.5.1　数据处理

微电网需求侧用户负荷会受到外界因素影响，进而表现出一定的规律。用户负荷内在规律主要是指由于工作日和休息日的更替而表现出的周期性。同时，用户负荷会受到一定的外在因素的影响进而表现出一定的连续性，例如大气温度、湿度、天气类型等环境因素。所以对微电网需求侧用户负荷进行预测研究时，首先，应该针对微电网内用户负荷变化规律，分析探讨影响用户负荷的相关因素。其次，对预测模型输入的历史数据进行归一化处理，归一化公式及流程已在第 3.4.2.1 节进行详细介绍，本节将不再赘述。最后，对用户负荷数据进行聚类分析，选取相似日，数据来源于我国西北部某微电网示范工程用户侧 2015 年 5 ~ 7 月的用户负荷数据。

4.5.1.1 时间影响因素

负荷的波动规律一般受居民的日常活动和工作影响，随着工作和周末的更替，用户负荷曲线表现出一定的周期性。负荷的周波动规律主要分为工作日和周末两种类型，工作日负荷主要以工业、商业等生产工作负荷为主，因此工作日的负荷量较大且比较稳定。到了周末的休息日，部分工业负荷比例减少，而居民用电占比有所增加，但工业负荷远大于日常居民负荷，因此，通常工作日的用户负荷一般会高于休息日的用户负荷。

4.5.1.2 温度影响因素

微电网的用户负荷一般会受到环境因素和节假日因素的影响，当环境因素例如环境温度、降雨、降雪等有所波动时，微电网用户负荷也会受到影响，然而，每种环境变量对微电网用户负荷有不同的影响程度。

气象条件变量一般是通过调节人体对环境的体感舒适度，进而调整各种取暖或加湿等设备，从而影响到用户负荷的大小。因此，本书主要考虑体感温度对微电网负荷预测的影响。

只考虑环境温度的情况下，人体感知的最适宜温度约为27℃。当同时考虑其他环境因素时，空气湿度和风速也会影响人体感知的舒适程度，因此，体感指标是综合衡量环境影响因素的体感舒适程度。其公式如下：

$$f = 1.5T_a - 0.55(1 - R_h)(1.8T_a - 26) - 3.2\sqrt{v} + 3.2 \qquad (4-22)$$

其中，f 为体感指标，T_a 为实时温度，R_h 为相对湿度，v 为风速。体感指标与相对应的舒适程度如表4-3所示（张延福，2016）。

表4-3 人体体感指标与舒适程度

k 值	舒适度
≤0	极冷
[0, 25]	寒冷
[26, 38]	较寒冷
[39, 50]	微寒
[51, 58]	较舒适
[59, 70]	舒适
[71, 75]	较温暖
[76, 79]	微热
[80, 84]	较炎热
[85, 88]	炎热
≥89	酷热

资料来源：张延福（2016）。

实感温度指标综合考虑了湿度和风速对人体感知温度的影响，也是影响用户用电量的因素之一，其计算公式如下：

$$T_e = 37 - \frac{37 - T_a}{0.68 - 0.14R_h + 1/(1.76 + 1.4v^{0.75})} \qquad (4-23)$$

其中，T_e 为实感温度，T_a 为实时温度，R_h 代表相对湿度，v 代表风速。

可以看出，体感指标与实感温度都与环境温度紧密相关，由此可知环境温度是影响用户负荷的关键因素之一，因此在对用户负荷进行预测分析时应该考虑环境温度这一因素。

4.5.1.3 天气类型影响因素

天气类型是指天气的晴阴、雨雪等天气状况，不同的天气类型对应着不同的环境温度、相对湿度等用户负荷的影响因素，因此，天气类型在一定程度上会影响到用户负荷的波动。然而定性分析该因素对用户负荷的影响比较困难，因此本书将天气类型量化，如表 4-4 所示。

表 4-4 天气类型

天气类型	晴	多云	阴	小雨	中雨	大雨
量化值	1	0.8	0.6	0.5	0.3	0.1

4.5.2 基于自适应权重组合预测模型的短期用户负荷预测流程

根据微电网用户负荷数据以及相关影响因素数据的特点，使用 APSO-K-means 聚类分析和所构建的自适应权重组合预测模型来构建关于微电网短期用户负荷预测模型，具体流程如下所述。

（1）分析用户负荷历史数据、气象数据的特点，并对历史数据进行预处理。

（2）对数据集按照工作日和休息日进行分类，然后使用 APSO-K-means 算法进行聚类，筛选相似日。

（3）根据预测日预报气象情况，选择对应的相似日微电网用户负荷历史数据和气象数据作为训练集，选择预测日（工作）和预测日（休息）作为测试集。

（4）使用本书所构建的自适应权重组合预测模型 APSO-ARIMA-SVR 进行训练，并与单一预测模型 ARIMA、RGM、SVR，以及基于标准差的组合预测模型 ARIMA-SVR、RGM-SVR 进行对比，计算预测误差，以验证自适应权重组合预测模型 APSO-ARIMA-SVR 的有效性。

图 4－5 展示了使用自适应权重组合预测模型 APSO-ARIMA-SVR 进行微电网用户负荷预测的流程。

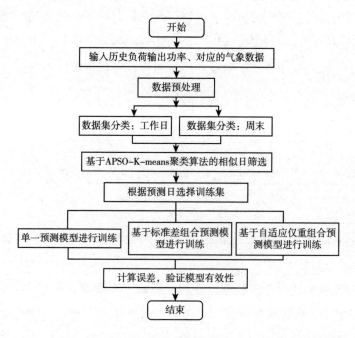

图 4－5　基于 APSO-ARIMA-SVR 模型的微电网用户负荷预测流程

4.5.3　结果分析

本书首先对数据集按照工作日和休息日进行分类。分别通过聚类分析选择预测日的相似日，然后分别选择五个相似日的历史负荷数据作为滚动灰色模型 RGM 以及自回归求积移动平均模型 ARIMA 的训练集。分别选择五个相似日的历史负荷数据以及相关气象因素作为支持向量回归机 SVR 的训练集。预测日（工作）和预测日（休息）的负荷数据作为组合预测模型的测试集。模型评价结果如表 4 – 5 所示，预测结果如图 4 – 6 所示、图 4 – 7 所示。

表 4 – 5   模型评价结果

预测模型	工作日		休息日	
	MAE	RMSE	MAE	RMSE
APSO-ARIMA-SVR	**274. 23**	**321. 50**	**249. 81**	**304. 10**
ARIMA-SVR	378. 30	426. 97	302. 97	346. 06
RGM-SVR	634. 89	721. 87	442. 65	510. 88
SVR	420. 68	496. 54	298. 28	341. 09
ARIMA	367. 69	451. 67	276. 63.	336. 63
RGM	874. 19	961. 47	681. 68	883. 33

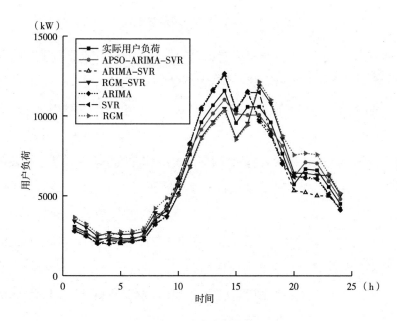

图 4 – 6   工作日负荷预测结果

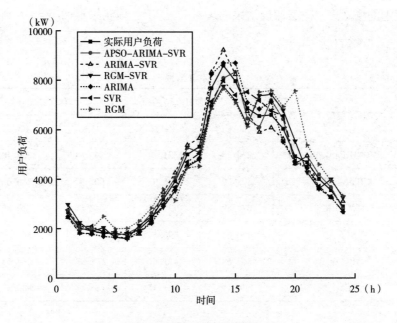

图 4 - 7　休息日负荷预测结果

通过图 4 - 6 和图 4 - 7 可以看出，所提出的自适应惯性权重组合预测模型 APSO-ARIMA-SVR 的负荷预测结果最接近实际负荷数据，相比于基于标准差组合模型 ARIMA-SVR、RGM-SVR，以及单一模型 ARIMA、RGM、SVR 具有明显的优势。在标准差组合预测模型中，ARIMA-SVR 模型的预测效果较好。从表 4 - 5 中的模型预测评价指标可以看出，对于工作日的负荷数据，APSO-ARIMA-SVR 模型预测误差最低，拟合效果最好。对于休息日的负荷数据，APSO-ARIMA-SVR 模型的预测误差最低，预测准确率最低。RGM 在预测开始的三个点的预测精度较高，随着预测点的延长，RGM 的误差比较大，不适用于本书所使用的数据集进行电力负荷预测。因此，在之后的研究中，将主要采用自适应惯性权重组合预测模型 APSO-ARIMA-SVR 对并网型微电网进行负荷预测。

此外，本书使用的数据样本具有一定的周期性，在进行相似日筛选后周末的数据样本较小。而单一预测方法 ARIMA 适合用于周期性预测，而

SVR 的泛化性强，适用于相关因素多的样本，且对样本量没有严格限定，因此本书针对短期用户负荷预测所提出的预测方法 APSO-ARIMA-SVR，适用于相关因素较多、具有一定的周期性的小样本的数据类型。

4.6 本章小结

本章首先研究了滚动灰色模型 RGM、自回归求积移动平均模型 ARIMA 和支持向量回归机 SVR 的模型原理、建模流程以及适用范围。其次，根据电力负荷数据的数据类型及特点，分别基于标准差法构建了组合预测模型 RGM-SVR 和 ARIMA-SVR，并使用历史负荷数据对模型进行训练和测试。再次，将改进的粒子群优化算法 APSO 对组合模型 ARIMA-SVR 进行优化，从而构建自适应权重组合预测模型 APSO-ARIMA-SVR，进而进行算例仿真。由于电力负荷具有一定的周期性，工作日和休息日的负荷有较大的差距，因此将数据集按工作日和休息日进行分类。最后，使用 APSO-K-means 聚类算法进行相似日筛选仿真，并将相似日及其气象因素作为模型训练集进行预测。仿真结果显示，相比于基于标准差的组合预测模型 RGM-SVR 和 ARIMA-SVR，以及单一模型 ARIMA、RGM、SVR，自适应权重组合预测模型 APSO-ARIMA-SVR 具有最优的拟合效果和最低的预测误差，该模型非常适合对微电网短期负荷进行预测。

第5章

并网型微电网电力交易市场运营管理

微电网市场可以促进区域内可持续的、可靠的发电和消费平衡。考虑到微电网市场主体多元化的特点，本书拟基于纳什均衡理论制定关于微电网的交易市场竞价策略。同时，为了实现去中心化交易，保证各个市场主体信息和交易数据的安全，以及交易运行过程的简化和节能，本书使用联盟区块链技术构建微电网市场交易系统，从而使微电网市场交易更高效、更灵活和更透明。本章的具体工作如下所述。

（1）基于纳什均衡理论构建了并网型微电网市场交易的定价策略。根据纳什均衡理论，以消费者的购电费用最低和售电用户的用电效益最优为目标，构建了微电网市场的定价策略。所提出的定价策略可以有效提高售电用户的用电效益以及降低购电用户的购电费用。

（2）使用联盟区块链技术构建了并网型微电网市场交易模型。本书使用联盟区块链技术，结合所提出的定价策略，构建了微电网市场交易模型，并进行仿真实验。所构建的能源系统可以实现去中心化交易模式，增加微电网用户利益，同时保证了交易信息的安全性和交易过程的透明性。

（3）设计了身份验证单元链码（identity verification unit chaincode）、售电/购电单元链码（purchase/sale unit chaincode）、交易匹配链码（the matchmaking trading chaincode），并将链码部署在联盟区块链超级账本（Hyperledger Fabric 1.0）框架中对交易认证过程进行仿真。相比于以太坊和比特币，本书提出的方法对处理交易事务具有更高的效率，从而缩短微电网市场交易的时间。

5.1 微电网市场交易运营研究现状

分布式能源的快速发展以及大量可再生能源在电力系统的高度渗透推动了微电网系统的研究和发展（Yazdanie，2018）。过去电力系统的功率流一直是单向的，由大型发电厂发电，通过高压输电网传输，在变电站进行转换，最后通过配电网分配给终端用户。因此，电力市场也是单方向流通的。一般情况下，零售商在电力批发市场向发电公司购买大量电力，然后再由零售商向零售市场的终端用户出售电力。分布式能源的出现，例如分布式发电机和储能系统，正在推动微电网技术和微电网交易市场的变革和发展。在电力市场中，电力被认为是具有一定市场价值的可交易商品，而不是服务（肖云鹏，2018）。分布式能源属于电力系统边缘的大量小客户，具有分布式发电机的实体可以积极参与电力交易使电力市场多样化，从而为微电网市场的出现和发展带来了机遇和挑战。目前国内外学者对微电网市场类型、竞价机制以及交易平台进行了大量研究。

5.1.1　市场类型

微电网去中心化交易模式主要包括个人对个人（peer-to-peer，P2P）分散市场模式、集中市场模式以及分布式市场模式（Zhou，2020）。

5.1.1.1　P2P 分散市场模式

P2P 能源交易市场没有中间运营商或集中管理者，是交易主体间在没有集中监管的情况下就一定数量的能源和价格直接进行协商并完成签约交易。P2P 市场具有更好的灵活性，交易个体可以轻松地进入市场进行交易或退出市场。索林等（Sorin et al，2018）提出了生产者和消费者之间的 P2P 市场设计，该设计依赖于多边、双边经济调度。P2P 结构包括产品差异化，消费者可以在产品差异化中表达自己的偏好，如本地或绿色能源。莫斯廷等（Morstyn et al，2018）为消费者的实时和远期市场实现了 P2P 能源交易。每个代理会根据偏好去捕捉上下游能源平衡和远期市场的不确定性，包括在拟议的框架。门格尔坎普（Mengelkamp，2017）构建了布鲁克林微电网能源市场。这一框架实现了微电网内的个体能够在一个没有中央实体的微电网市场中进行能源交易。由于缺少中间运营商或集中监管部门，P2P 市场的交易效率可能出现波动；整个 P2P 市场的社会福利可能不会最大化。目前的研究为 P2P 能源交易市场的实现提出了多种方法，包括双边合同网络、共识方法、区块链以及多代理方法。在完全分散的 P2P 市场环境中很难达到全局最优。此外，在实际交易中，个体的决策过程具有不确定性，设计好的市场在实践中的表现需要仔细考虑和评估。目前国内外学者对 P2P 市场的研究还比较少，P2P 市场设计具有很大的研究空间，如何在 P2P 市场中设计相关机制，同时开展双边交易，是今后相关领域的研究人员面临的一大挑战。

5.1.1.2 集中市场模式

集中市场模式是指集中监管机构与每一个用户进行联系，然后根据整体市场信息以及从用户处收集到的信息，集中监管机构直接决定市场电力的价格和分配，从而决定用户的电力输入和输出（Long，2018）。

集中式市场的目标是最大化整个经济市场的总体福利，包括发电商的福利和消费者福利。集中监管机构可以将社会福利最大化作为目标函数。在集中式市场模式下，市场主体的运营状态由集中监管机构直接控制，从而减少了发电商发电和用户消费模式的不确定性。然而，随着涉及的分布式发电规模的增加，集中管理系统的计算和通信负担急剧增加。此外，集中监管机构的直接控制会降低市场主体间的隐私保护以及自主性（Nguyen，2018）。

一些研究提出或讨论了集中式 P2P 能源交易市场。阮等（Nguyen et al，2018）提出了一个优化模型，最大限度地利用光伏发电系统和储能从而增加一个家庭在电力交易中的经济效益。陈政（2020）提出，采用准集中市场模式具有更高的社会福利，更符合中国现实国情需要。阿拉姆等（Alam et al，2019）提出了针对集中式能源交易市场的近似最优算法——"通过贸易（生态贸易）优化能源成本"。

5.1.1.3 分布式市场模式

分布式市场是结合了集中市场和 P2P 分散市场的特点，为集中市场和 P2P 分散市场之间提供了一个折中的解决方案。在分布式市场中，集中监管机构通常通过发送定价信号来间接影响市场交易主体，而不是直接控制市场交易主体的购买/售卖行为和其设备的运行状态（Zhou，

2018）。相比于完全分散市场模式，分布式市场仍然涉及一个集中监管机构，可以更好地协调市场交易主体的交易行为。相比于集中市场，分布式市场通常只需要参与市场交易的市场主体提供部分信息，并且不直接控制其设备，因此，分布式市场模式下，市场交易主体可以获得更好的隐私保护和自主权。

目前，越来越多的国内外学者开始关注分布式市场。孟仕雨（2020）提出了分布式的交易机制可促进电力市场中交易主体的多边竞价，提高电力交易效率和能源利用率。李等（Li et al，2018）在一个为 IIoT 中 P2P 能源交易而设计的模型中，对基于信用的贷款使用了基于斯塔克尔伯格博弈的定价策略。莫斯廷等（Morstyn et al，2019）提出了一种分布式价格导向的优化机制，用于多类能源产品的分布式能源交易。巴罗什等（Baroche et al，2019）利用乘数一致交替方向法求解内生 P2P 经济调度，创建分布式电力交易市场。肖谦等（2020）结合国内外分布式电力交易机制的研究现状提出了基于配电网的分散式电力交易框架。

5.1.2 竞价机制

电力市场竞价机制研究对电力市场的改革、电力市场健康发展，以及资源优化配置具有重大的理论和现实意义。在微电网市场研究中，竞价机制一般可分为两类：市场竞价和动态定价（Liu，2017）。

5.1.2.1 市场竞价

对于市场竞价机制，微电网市场一般选择拍卖模式作为基本竞价方式。参与方主要分为卖方或买方，竞价投标可以在卖方与买方之间进行，或者只在卖方之间进行，而买方被假定为被动消费者（Li，2018；Cintuglu，2017）。拍卖模式一般可分为单向拍卖和双向拍卖（陈皓勇，2003）。此外，纳什均衡（Dotoli，2014）、博弈论（Liu，2007）、随机优化（Vagropoulos，2013）、强化学习（Rahimiyan，2008）等方法常用于微电网竞价策略的研究中。随着分布式能源在电力系统的渗透程度不断增加，市场上出现了一种新的交易主体，即产消者（吴界辰，2020；Rathnayaka，2013）。产消者是指在某个时间消耗能量同时产生能量的实体。在不同的时间段，产消者可能作为卖方，也可能作为买方。随着产消者在微电网市场中的涌现，微电网市场交易模式和交易主体更多元化，竞价机制也随之变得更加复杂，这也推动了国内外学者对市场竞价机制的关注和研究。张宇馨（2018）改进了动态排队规划方法，并使用该方法对微电网竞价模型进行求解。邹小燕等（2009）运用 Vickery-Clark-Groves 原理，构建了一种以社会福利最大化为目标的电力交易竞价模型。彭春华等（2019）使用演化博弈方法设计了发电商的竞价策略，并结合复合微分进化算法进行求解。巴兹（Baz，2019）提出了一个微电网市场离散时间双面拍卖模型，该模型促进了近期和远期市场中产消者之间的能源交易。设计该市场交易模型时采用快速清算机制和简单的出价规则，在保证产消者利益的同时，保证了其隐私和自主性。

5.1.2.2　动态定价

当微电网市场参与主体较少，或微电网规模较小时，复杂的竞价市场可能不适用于这种类型的微电网，这时，则需要动态定价模型来推动微电网交易。对于需求响应，消费者和电力生产者将对动态价格作出反应，电力需求和电力供应会通过改变电价来进行调节。假设消费者和供应商是理性的，以使各自的利益最大化（Palensky，2011）。在微电网系统中，很多方法都可以用于构建动态定价模型，包括基本价格加额外利润分配（Mnatsakanyan，2015）、纳什均衡（Bahrami，2018），以及斯塔克尔伯格博弈（Meng，2013；王程，2017）等。

5.1.3 交易平台

随着微电网研究的增加和技术的落地，市场交易平台对于微电网市场交易研究至关重要。对 P2P 能源交易平台进行了广泛的研究和试验。

根据构建平台底层技术，平台也可以分为集中式和分散式。对于集中式规划，张等（Zhang et al, 2018）开发了集中式软件平台 Elecbay 的概念设计，用于并网型微电网中的 P2P 能量交易。类似于电商平台"eBay"，电力生产商可以在 Elecbay 上列出电力，消费者可以在 Elecbay 上下单。每份订单都包括生产者和消费者之间需要供应电力的时间和数量。

近几年，使用区块链技术为微电网交易市场创建分散式交易平台也受到了国内外学者的广泛关注。阿曼达（Amanda, 2019）对区块链在分布式能源的应用方面做了全面的介绍，它为基于区块链的微电网建立了一个分析框架，并确定了实践和学术背景下的潜在挑战和未来方向。区块链的分散化特点被认为与微电网市场中的分散式和分布式市场可以很好地匹配，在微电网市场交易中，电力供应不再由集中式大型发电机提供，而是由拥有分布式发电的小客户提供。综上所述，利用区块链技术作为微电网能源交易平台开发的底层技术具有以下优势。

- 区块链技术具有去中心化特性，避免了第三方协调和监管中间交易，不仅可以降低运营成本，还可以避免中间机构的不透明操作。

- 区块链技术的共识机制可以确保交易记录是透明的，可以有效防止交易信息被篡改，并且对单点故障是鲁棒的。

- 区块链技术中的智能合约可以轻松制定并自动执行规则和命令，这一特性尤其适合作为构建涉及小规模消费者与分布式发电系统之间的大量低价值交易的微电网交易市场平台的底层技术。

扎曼别克等（Zhumabekuly et al, 2016）将区块链技术与多签名和匿名消息流相结合，创建了一个具有更高安全和隐私级别的 P2P 能源交易平台。秦金磊等（2020）提出了使用区块链技术和改进型拍卖算法构建微电网交易市场，该方法完成微电网内部交易，确保合理匹配订单。

虽然区块链技术在可信度、透明性、防篡改能力以及去中心化方面具有很强的优势，但微电网市场配备所有这些功能需要的成本仍是一个悬而未决的问题。此外，虽然智能合约在构建分散式交易平台上具有明显优势，可以确保分散式交易平台具有很好的隐私性，但事实上，智能合约也可以用于集中式平台。因此，应根据具体环境和应用要求，来选择相关技术构建微电网市场交易平台。

5.2 微电网市场运营管理的研究方法

5.2.1 区块链的基本概念

区块链的概念起源于化名为"中本聪"的学者发表的一篇名为《比特币：一种点对点的电子现金系统》的文章（Nakamoto，2018），提出了免去中间第三方的交易机制，实现去中心化的匿名支付。近年来，虽然比特币的热度逐渐下降，但作为支撑比特币的区块链技术却因为其安全性、透明性、防篡改以及去中心化的特点得到了业界广泛的关注。

区块链是共享和分布式数据结构或分类账，可以安全地存储数字交易，而无须使用中间第三方。更重要的是，区块链允许自动执行智能合约。区块链技术中每个网络成员持有一份记录链，并就分类账的有效状态达成一致意见，而不是由一个受信任的中心管理分类账。同时，区块链技术确保了相应数据库的完整性，使交易透明化，保证数据信息不能被篡改。

袁勇等（2016）通过对区块链技术的深入研究，提出了六层基础架构模型，如图 5-1 所示。

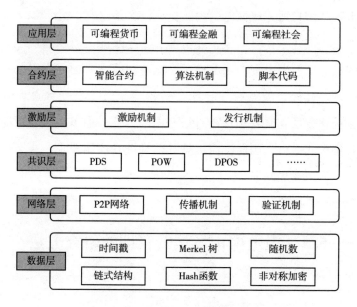

图 5-1　区块链的六层基础架构

（1）数据层，该层主要解决区块中的数据组合方式，封装了包括时间戳、Hash 函数、非对称加密技术、数据区块的链式结构等在内的底层技术，为区块链网络的上层建筑打下坚实的基础。

（2）网络层，该层封装了 P2P 组网、数据传播和数据验证机制。区块链网络中的数据传输以及新区块的验证是在各个节点之间进行的，只有当超过网络中一半的用户验证后，新的区块才能够添加于主链上。

（3）共识层，该层主要包括共识算法和共识机制，是整个区块链网络中的分布式节点对同一区块进行有效性判断的依据。

（4）激励层，每一个区块链系统都有其独有的经济激励和 token 分配制度，以鼓励区块链网络中的节点来共同维护区块链网络。

（5）合约层，区块链具有可编程的特性，使得每一个区块中都可以包含脚本、算法，以及智能合约。智能合约可以使区块链系统在不需人工干预的前提下自动执行合约内容。该层极大限度地扩充了区块链的应用场景。

（6）应用层，即区块链的具体应用场景。经过区块链 1.0——点对点的数字加密货币体系，及区块链 2.0——可编程金融这两个版本的发展，区块链技术的应用领域逐步由货币、金融领域，拓展到了包括能源、物联网、网络安全、医疗、法律公证、版权存证在内的其他领域，由此迈向了区块链 3.0 时代——可编程社会。

区块头的内容是用于连接下一数据区块的外部信息。区块数据用于数据分析和处理，如图 5-2 所示。

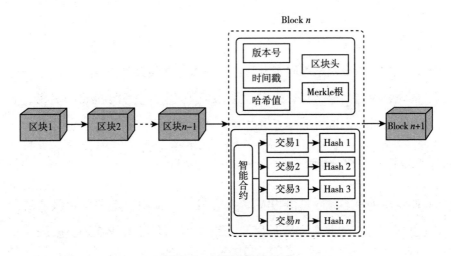

图 5-2　区块链区块结构

5.2.2　联盟区块链技术

5.2.2.1　区块链技术分类

目前根据去中心化程度，区块链可分为三类：公有区块链、联盟区块链、私有区块链。在公有链中，任何个体或者团体都可以发送交易，任何人都可以参与其共识过程。但是，运用公有链交易的能耗较大，且不可控。私有链仅使用区块链的总账技术进行记账，一般只在一个企业或机构使用。

联盟链是指由某个群体或者行业内部挑选出多个节点作为记账节点，其共识过程只由部分节点决定。它既有私有链的隐私性，也有公有链的去中心化的思维，因此联盟链具有以下特点：（1）交易成本低、速度快。交易只需部分节点参与验证与记账，简化了认证过程。（2）数据信息安全性高。不同于公有链，联盟链的数据只限于联盟里的主体才有访问权限。访问权限受到限制，可以更好地保护隐私。（3）可调控性。联盟链在短期内具有可扩展的优势，比较灵活。

微电网交易市场的参与主体并不只是一个企业，故私有链不适用于微电网。另外，微电网不等同于电网，参与微电网交易的主体数量远小于电网。同时，参与微电网交易的主体需要符合一定的资质才能进行交易，因此联盟区块链技术链更适用于微电网交易市场的研究。

5.2.2.2　超级账本架构（Hyperledger Fabric）

Hyperledger Fabric 是由 IBM 牵头开发的一个联盟链项目。该项目旨在建立一个可以使共识和会员服务等组件即插即用的基础区块链服务平台。目前 Hyperledger Fabric 已经推出到 1.0 以上的版本，自 1.0 版本以来，Fabric 将区块链的数据维护和共识服务进行分离。共识服务被分离出来，引入 Order 节点，由 Order 节点提供共识服务。数据维护服务通过 channel 结构的建立予以实现，新的结构使得业务隔离性能和数据安全性能得到大幅度提升。

Fabric 在架构上采用了模块化设计，主要由三个服务模块组成：成员服务、共识服务和链码服务，如图 5 - 3 所示。其中，链码服务是为智能合约的执行提供环境。链码可以通过 Go、Java 和 Node. js 等语言进行开发，目前，支持最完善的是 Go 语言版本的链码。

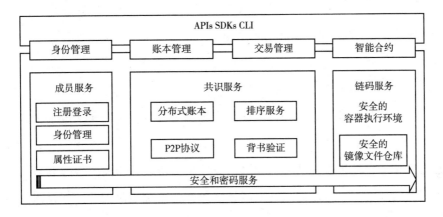

图 5 - 3　Fabric 整体架构

5.2.2.3　共识机制

Hyperledger Fabric 的共识机制不同于比特币，Hyperledger Fabric 是由部分授权的节点所组成，所有参与记账的节点都是可信任的，因此不需要工作量证明机制来证明。同时，Hyperledger Fabric 的每个交易信息均由排序服务进行统一排序，避免了交易信息分叉。目前，Fabric1.1 可以使用三种共识算法，包括分布式队列（Kafka）、简单的拜占庭容错（SBFT）、单节点共识（Solo）。SBFT 具有较快的事务处理能力，Kafka 的多排序节点可以避免单点故障而导致整个网络崩溃的问题。

Solo 共识模式指网络环境中只有一个排序节点，从 Peer 节点发送来的消息由一个排序节点进行排序和产生区块；由于排序服务只有一个排序节点为所有 Peer 节点服务，没有高可用性和可扩展性，不适合用于生产环境，通常用于开发和测试环境。Solo 共识模式调用过程说明：（1）节点连接排序服务，连接成功后，发送交易信息。（2）排序服务通过接口，监听节点发送过来的信息，收到信息后进行数据区块处理。（3）排序服务根据收到的消息生成数据区块，并将数据区块写入账本中，返回处理信息。
(4) 节点通过接口，获取排序服务生成的区块数据。

5.2.3　定价策略中的博弈模型

5.2.3.1　博弈论概述

博弈论是研究在对抗局势中探索最优的对抗方式的一种策略。博弈主要分为合作博弈和非合作博弈。如果参加博弈的双方具有约束力协议，就是合作博弈；如果参加博弈的双方没有约束力协议，就是非合作博弈。根据参与者了解程度可以分为完全信息博弈和不完全信息博弈，根据采取行动的时间顺序则可分为静态博弈和动态博弈（刁勤华，2001）。博弈论的基本概念如图5-4所示。

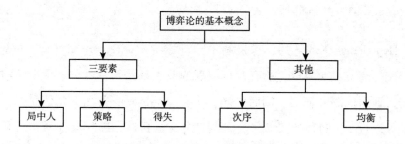

图5-4　博弈论的基本概念

图5-4展示了博弈论中的一些基本概念。其中，局中人是指博弈中拥有决策权的个体代表。策略是博弈参与人员在博弈过程中选择的方案，博弈过程中的参与方会根据其他参与方的行为更换不同的方案，所有局中人选择策略的集合成为策略集。根据策略集中提供给局中人的策略的数量是否为有限值，可将策略集分为"有限策略集"和"无限策略集"。得失是指参与方在一次博弈过程中的得失；次序指的是参与方在博弈过程中决策的先后顺序；均衡指的是博弈达到稳定时的结果。

5.2.3.2 博弈类型

依分类方式的不同，博弈问题可以分为以下三类：

- 合作博弈与非合作博弈
- 静态博弈与动态博弈
- 完全信息博弈与不完全信息博弈

四者类型进行组合，就形成了四种最常见的博弈形式：完全信息静态博弈、完全信息动态博弈、不完全信息静态博弈、不完全信息动态博弈。其特征如表 5 - 1 所示。

表 5 - 1　　　　　　　　　四大类博弈问题的特征

类型	决策同时性	信息	均衡的名称
完全信息静态博弈	是	所有参与者的信息共同知晓	Nash 均衡
完全信息动态博弈	否		子博弈精炼 Nash 均衡
不完全信息静态博弈	是	参与者的部分信息对其他参与者而言为未知	贝叶斯 Nash 均衡
不完全信息动态博弈	否		精炼贝叶斯 Nash 均衡

5.2.3.3 非合作博弈模型

在非合作博弈的过程中，博弈的参与者没有达成具有约束力的协议，分析和研究博弈中各参与者的策略选择，主要在于研究有利益冲突的博弈参与者怎样选择最适宜的策略可以最大化自身利益。非合作博弈中，博弈参与者在不考虑其他参与方所选择的决策和利益的前提下，各博弈参与者均选择对自己最有利的策略，当博弈局势中的每个参与者都在自己策略条件下达到本身获益最大时，非合作博弈刚好达到了均衡点，即纳什均衡点。

5.3 并网型微电网市场交易模型

在本节中，我们构建了一个基于联盟区块链技术的微电网市场交易模型，先介绍了整体的模型框架，然后基于贝叶斯纳什均衡制定了交易策略，进而根据所制定的交易策略以及交易模型进行智能合约的编写。

5.3.1 微电网交易市场整体构架

设基于区块链技术的微电网市场交易为时前交易，整体模型结构如图 5-5 所示。交易核心主要分为两部分：定价系统和区块链中心（block-chain container，BC）。定价系统中，系统根据交易请求通过所构建的定价策略制定交易价格和交易量。在 BC 中，先利用交易匹配中心（matchmaking trading center，MTC）进行交易匹配，然后进行核算，最后提交至订单服务（ordering service，OC）进行事务排序，排序结束后记入账本（Ledger）中，完成最终交易。

具体流程可分为五个阶段：（1）交易参与者认证阶段。首先，各参与方申请身份，验证参与方是否有权参与市场交易。其次，参与者发布各自的需求信息。（2）电价制定阶段。微电网交易市场有多个参与者，包括用户和发电方（DG）。根据不完全信息静态博弈的贝叶斯纳什均衡理论制定交易电价以及交易量。（3）交易执行阶段。先将交易信息发送到 BC，在 MTC 中进行交易匹配，用户根据内部电价和交易量签订相关交易的智能合约。然后提交至 OC 进行事务排序，排序结束后记入账本中，完成最终的交易认证。（4）交易补偿阶段。该阶段通过与大电网建立连接，对供需差额和误差进行补偿。（5）结算阶段。当交易完成时，记录交易数据并进行结算，然后调用 Dispatch System，按照请求的具体内容完成能源调度。

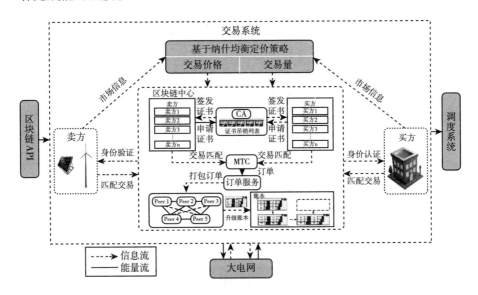

图 5-5　微电网市场交易模型整体构架

5.3.2　并网型微电网运营主体利益博弈与均衡分析

本书通过并网型微电网运营主体利益博弈与均衡分析制定交易竞价策略，需遵循以下前提假设：

- 并网型微电网中参与竞价的运营主体是售电方和购电方；
- 微电网分布式发电首先提供微电网内部用户优先交易和使用，促进分布式能源就地消纳，然后剩余部分进行与大电网的交易；
- 微电网分布式能源进行交易时，由于风电成本较低，因此优先进行风电交易与使用；
- 当微电网内部分布式发电多于需求侧用户负荷时，不进行微电网内部博弈竞价，以余电上网价格和大电网购电价格折中电价进行交易。

根据微电网中用户负荷历史数据和分布式发电功率预测数据，可以获得下一个交易运行周期内各交易时段的用户负荷和发电功率（薛磊，2018）。在交易时段 T 内，微电网用户可分为售电方和购电方两类，N 为微电网内所有用户组成的集合，N_b 为购电方组成的购电用户群集合，N_s 为售电方组合的售电用户集合。

用户 j 在 T 交易时段的用电负荷表示如下：

$$P_{L,j} = [P_{L,j}^1, P_{L,j}^2, \cdots, P_{L,j}^T] \quad j = 1, 2, \cdots, n; T = 1, 2, \cdots, 24 \quad (5-1)$$

其中，$P_{L,j}$ 为用户 j 在 T 交易时段的用电负荷，n 为微电网内用户数量，T 为一个交易运行周期的交易时段，设一个交易运行周期为 24 小时，交易时段为 1 小时。

根据分布式发电系统的配置以及外界条件，可以对分布式发电系统 i 的发电功率进行预测，预测结果可以表示如下：

$$P_{DG,i} = [P_{DG,i}^1, P_{DG,i}^2, \cdots, P_{DG,i}^T] \quad i = 1, 2, \cdots, n; T = 1, 2, \cdots, 24 \quad (5-2)$$

其中，$P_{DG,i}$ 为分布式发电系统 i 在 T 时段的发电功率。

微电网在 T 交易时段的净输出功率表示如下：

$$P_{NOP}^T = \sum_{i \in N_s} P_{DG,i}^T - \sum_{j \in N_b} P_{L,j}^T \quad i = 1, 2, \cdots, n; j = 1, 2, \cdots, n; T = 1, 2, \cdots, 24$$

$$(5-3)$$

其中，P_{NOP}^T 为微电网在第 T 交易时段的净输出功率，$P_{DG,i}^T$ 为分布式发电系统 i 在第 T 时段的发电功率，$P_{L,j}^T$ 为用户 j 在第 T 交易时段的用电负荷。

因此，微电网在交易运行周期内每个时段的净输出功率为：

$$P_{NOP} = [P_{NOP}^1, P_{NOP}^2, \cdots, P_{NOP}^T] \quad T = 1, 2, \cdots, 24 \quad (5-4)$$

其中，P_{NOP} 表示微电网在交易运行周期内净输出功率。本书中微电网的运行模式为并网型风光混合微电网。微电网内部用户优先购买和使用微电网分布式发电系统的发电功率。当 $P_{NOP} < 0$ 时，微电网内售电方和购电方进行博弈以确定最优电价和交易电量，进而进行电力交易，不足由微电网售电方向大电网购买对用户进行补充。当微电网的发电功率有剩余，即 $P_{NOP} \geq 0$ 时，则售电方可将剩余功率出售给电网。

并网型微电网交易原则为优先考虑微电网内部用户需求，不足则向大电网进行购买，剩余电量则由大电网进行收购。因此，微电网内部购电电价是随着各个时段微电网运行情况和供需关系波动。微电网内部购电电价需满足条件：

$$p_{s,WT} < p_j^T < p_b \quad T = 1, 2, \cdots, 24; j \in N_b \qquad (5-5)$$

$$p_{s,PV} < p_j^T < p_b \quad T = 1, 2, \cdots, 24; j \in N_b \qquad (5-6)$$

其中，p_j^T 为各时段微电网内部购电电价，$p_{s,WT}$ 为风电余电上网价格，$p_{s,PV}$ 为光伏余电上网价格，p_b 为微电网售电方向大电网购电价格。

则售电方的售电收益函数，表示如下：

$$r_i = \begin{cases} p_j \times q_i + p_{s,WT}(P_{WT,i} \times t - q_{WT,i}) + p_{s,PV}(P_{PV,i} \times t - q_{PV,i}) \\ \quad - m_{WT} \times P_{WT,i} - m_{PV} \times P_{PV,i} & P_{NOP}^T \geq 0 \\ p_j \times q_i - m_{WT} \times q_{WT,i} - m_{PV} \times q_{PV,i} & P_{NOP}^T \leq 0 \end{cases}$$

$$(5-7)$$

$$q_i = q_{WT,i} + q_{PV,i} \qquad (5-8)$$

$$P_{DG,i} = P_{WT,i} + P_{PV,i} \qquad (5-9)$$

其中，r_i 为 T 时段售电用户 i 的收益，q_i 为售电方在 T 时刻向购电方出售的电量。$q_{WT,i}$ 和 $q_{PV,i}$ 分别为 T 时段向微电网内部购电用户出售的风电和光伏发电的电量，且满足 $0 \leq q_{WT,i} + q_{PV,i} \leq P_{DG,i}$；$P_{WT,i}$ 和 $P_{PV,i}$ 分别为微电网在 T 时刻的风电和光伏发电量，m_{WT} 和 m_{PV} 分别为微电网中风电和光伏发电的成本系数。

对于购电用户来说，购电用户期望的是最低的购电费用。购电用户的购电费用由微电网内部购电费用和大电网购电费用组成，因此，对购电用户 j 的购电费用表示如下：

$$c_j = \begin{cases} q_i \times p_j + (P_{L,j} - q_i)p_b & P_{NOP}^T \leqslant 0 \\ q_i \times p_j & P_{NOP}^T \geqslant 0 \end{cases} \qquad (5-10)$$

其中，c_j 为购电用户 j 在 T 时刻的购电费用，综上，微电网内购电用户和售电方组成了多方参与的静态博弈模型。博弈模型表示如下：

$$G = \{(N_b \cup N_s), \{r_i\}_{i \in N_s}, Q_i, P, C_t\} \qquad (5-11)$$

其中，N_s 为微电网内售电用户群，N_b 为购电用户群，$\{r_i\}_{i \in N_s}$ 为售电收益策略集，Q_i 为售电量策略集，P 为微电网内部购电电价策略集，C_t 为各时段微电网内购电用户群购电总费用，表示如下：

$$C_t = \sum_{j \in N_b} C_j = p \sum_{j \in N_b} q_i + p_b \sum_{j \in N_b} [e_{L,j} - q_i] \qquad (5-12)$$

微电网购电用户希望购电费用最低，售电用户希望收益最大化。因此，博弈模型 G 的均衡，就是该问题的最优解。求得最优解，即可得到购电用户应制定的最优电价。

因此，微电网电力交易的博弈 G 的策略均衡 (q^*, p^*) 为博弈 G 的均衡点，当且仅当 q^* 和 p^* 满足以下条件：

$$r_i(q_i^*, p^*) \geqslant r_i(q_i, p_j^*) \qquad \forall i \in N_s, \forall q_i \in Q_i \qquad (5-13)$$

$$C_t(q_i^*, p^*) \leqslant C_t(q_i^*, p_j) \qquad \forall j \in N_j, \forall p_j \in P \qquad (5-14)$$

5.3.3 智能合约的部署

本书选择联盟区块链技术来构建微电网市场交易的智能合约，智能合约以链码（chaincode）形式被部署在 Fabric1.0 平台中。因此，本节将以微电网市场交易参与者之间的交易事务为例，构建四个阶段的智能合约，包括参与者资格认证阶段、参与者需求信息发布阶段、交易匹配阶段、补偿阶段。相应地在 Hyperledger Fabric 构建的四个链码分别为身份认证单元链码、购电或售电单元链码、交易匹配链码和交易补偿链码（Nakamoto，2018）。

5.3.3.1 身份认证单元链码

该合约用来确认购电方（buyer unit）和售电方（seller Unit）是否有权参与微电网市场交易，对参与者的资质和身份进行严格审查。合约的输入是申请进入微电网市场交易的用户和售电方所提交的基本信息。购电单元需要审核的基本信息包括购电用户的类型、用户法人或代表的实名和身份证号、信用记录和购电用途。售电单元需要审核的基本信息包括分布式发电类型、用户的法人或代表的实名和身份证号、装机容量以及信用记录。合约输出为特定格式的交易资格认证信息。链码的基本要素如表 5-2和表 5-3 所示。

表 5-2 购电单元（BU）交易资格认证合约基本要素

参数	类型	说明
消费者类型	Byte	用户类型（商业、工业、居民等）
基本信息	Byte	真实名称
BU ID	Int64	购电单元身份号码
信用记录	Byte	用户犯罪记录、信贷记录等
目标	Byte	购电用户目标

表 5-3 售电单元（SU）交易资格认证合约基本要素

参数	类型	说明
发电类型	Byte	发电类型（风力、生物质、太阳能）
基本信息	Byte	发电商真实名片

参数	类型	说明
SU ID	Int64	售电电源 ID 号
装机容量	Int64	发电装机容量
信用记录	Byte	用户信贷记录、犯罪记录等

5.3.3.2 购电/售电单元链码

该链码用以整合购电单元的能源需求信息，同时整合售电单元的售电信息并发布至网络。用电单元的链码输入是用电单元的预期交货时间、用电单元的账户地址，输入信息会被链码捕获后整合为特定格式的用户需求信息。链码会整合上述输入信息，并调用 Buyer Unit 的密钥对整合后的信息进行签名，链码输出为附有用户签名的能源需求信息。链码允许用电单元在发布后的一定时期内修改或者撤回自身所发布的需求信息。链码的基本要素如表 5-4 所示。

表 5-4　　　　　　　　　　　　　BU 合约基本要素

参数	类型	说明
购电单元地址	Byte	购买方账户地址
需求信息	Int64	由购电单元链码生成
签名	Byte	由购电单元私钥生成
发送时间	Int64	购电单元发布信息时间
价格	Float64	电价

售电链码的输入为某段时间内用电单元所需的能源数量总额、售电单元的售电量、售电价格、售电单元的账户地址。链码会整合上述输入信息，并调用 Sale Unit 的密钥对整合后的信息进行签名。输出为附有用户签名的能源出售信息。链码的基本要素如表 5-5 所示。

表 5 - 5   **SU 合约基本要素**

参数	类型	说明
售电单元地址	Byte	售电方账户地址
销售信息	Byte	由售电单元链码生成
签名	Byte	由售电单元私钥生成
发送时间	Int64	售电单元发布信息时间
供应信息	Float64	售价

5.3.3.3 交易匹配链码

该链码的输入是用电单元发布的能源需求信息以及售电单元发布的能源出售信息。链码会按照交易策略，将达成协商的用电单元与售电单元相匹配，完成交易认证，为每一对匹配的能源买卖双方形成一条特定的能源交易通路。链码的基本要素如表 5 - 6 所示。

表 5 - 6   **交易匹配链码基本要素**

参数	类型	说明
售电地址	Byte	售电方账户地址
售电 ID	Byte	售电方 ID 号
购电地址	Byte	购电方账户地址
购电 ID	Byte	购电方 ID 号
交易记录	Byte	区块链交易记录
哈希值	Byte	订单加密
电量	Float64	售电单元计划售电量
价格	Float64	交易价格

5.3.3.4 交易补偿链码

该链码包括供给补偿链码和误差补偿链码。

供给补偿链码的输入是电力的购电需求量和售电需求量、成交价以及大电网的电价。该链码按照所提交的售电和购电信息计算供需差额。当售电用户提交的售电量低于购电用户提交的购电量，即差额小于 0 时，使用供给补偿链码连接大电网购买电量，购电费用由购电用户承担。当差额大于等于 0 时，该链码通过与大电网建立联系，将售电用户剩余功率卖给大电网。链码的基本要素如表 5 - 7 所示。

表 5 - 7　　　　　　　　　　供给补偿链码基本要素

参数	类型	说明
售电地址	Byte	售电方账户地址
售电 ID	Byte	售电方 ID 号
购电地址	Byte	购电方账户地址
购电 ID	Byte	购电方 ID 号
哈希值	Byte	订单加密
电量	Float64	售电方计划售电量
售电量	Float64	卖家实际发电量
购电量	Float64	购电用户提交的需求电量
差值	Float64	微电网内的供需差值
微电网折中电价	Float64	供过于求时的售电电价
大电网价格	Float64	大电网电价
微网价格	Float64	微网电价

误差补偿链码的输入是电力的订单交易量、实际交易量、成交价以及大电网的电价。如果售电用户不能兑现订单约定的交易量，则链码会计算差值，然后向大电网购买并输送给购电用户，购买成本由 SU 承担。最后链码会生成交易记录，经加密后上传至 Fabric 账本。链码的基本要素如表 5 - 8 所示。

表 5 - 8   误差补偿链码基本要素

参数	类型	说明
售电地址	Byte	售电方账户地址
售电 ID	Byte	售电方 ID 号
购电地址	Byte	购电方账户地址
购电 ID	Byte	购电方 ID 号
哈希值	Byte	订单加密
电量	Float64	售电方计划售电量
实际电力成交量	Float64	售电方实际发电量
差值	Float64	实际发电量与订单交易电量的差值
大电网价格	Float64	大电网电价
微网价格	Float64	微网电价

5.4 并网型微电网市场交易模型实例仿真

在本节中，我们首先对本书所提出的微电网市场的定价策略和交易模型进行仿真，通过对链码的部署，以一个微电网交易过程为例，来验证交易模型的可行性；其次，我们使用 Hyperledger Caliper 对交易模型的事务处理性能进行评估。研究案例的实验由三台计算机共同完成，三台计算机配置相同，皆搭载 Intel Core i5 - 4590S CPU 3.00 GHz，拥有 16GB 的内存以及安装有 Ubuntu18.04 系统。其中，所部署链码由 Go 语言编写完成。

5.4.1 数据来源

本节算例仿真数据来自我国西北部某微电网 2019 年 7 月 21 日分布式能源发电数据以及微电网用户负荷数据，分布式能源中的光伏发电功率和风电功率预测方法在第 3 章已进行详细介绍，微电网用户负荷预测方法在第 4 章已做详细介绍，预测方法在本节将不再赘述。

采用简化的 Fabric 网络环境进行仿真。简化的交易流程如图 5-6 所示。

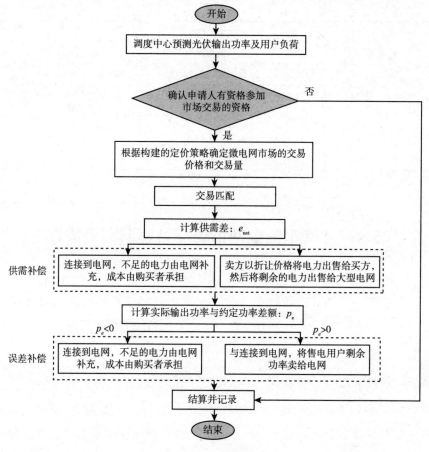

图 5-6 交易流程

分布式能源发电预测结果如表 5-9 所示，用户负荷预测结果如表 5-10 所示。微电网内的分布式发电系统为光伏发电系统和风力发电系统，仿真实验涉及的交易时段为全天 24 小时。微电网用户结构由居民、商业和工业组成。该地分布式发电的余电上网价格风电为 0.38 元，光伏为 0.4 元，用户从大电网购电的电价为 0.487 元。

表 5 - 9				光伏和风电输出功率		单位: km	
时段	1	2	3	4	5	6	7	8
光伏	0	0	0	0	0	292.19	1607.43	3976.21
风电	4450.18	4480.19	4488.99	3138.58	1668.07	2638.63	2155.79	2449.82
时段	9	10	11	12	13	14	15	16
光伏	8430.66	10908.8	11772.41	12981.25	12814.83	13668.49	4844.42	6766.86
风电	545.50	549.84	0	0	0	0	0	289.08
时段	17	18	19	20	21	22	23	24
光伏	3268.35	1167.33	472.26	0	0	0	0	0
风电	297.44	739.07	1457.81	2246.25	1356.77	2183.12	2314.80	1676.09

表 5 - 10	用户负荷		单位: kW·h
交易时段	用户 1	用户 2	用户 3
1	613.044	919.566	1532.610
2	544.712	817.068	1361.780
3	442.556	663.834	1106.390
4	481.688	722.532	1204.220
5	461.914	692.871	1154.785
6	468.642	702.963	1171.605
7	496.204	744.306	1240.510
8	706.666	1059.999	1766.665
9	816.522	2041.305	1224.783
10	1124.576	2811.440	1686.864
11	1519.920	3799.800	2279.880
12	1922.460	4806.150	2883.690
13	2135.108	5337.770	3202.662
14	2317.672	5794.180	3476.508
15	1911.892	4779.730	2867.838
16	2113.892	5284.730	3170.838
17	2115.000	5287.500	3172.500
18	1920.500	4801.250	2880.750
19	1528.500	3821.250	2292.750
20	1144.700	2861.750	1717.050
21	1336.844	3342.110	2005.266

续表

交易时段	用户 1	用户 2	用户 3
22	1322.320	3305.800	1983.480
23	1111.750	2779.375	1667.625
24	900.780	2251.950	1351.170

将所有分布式发电方划分为卖方用户群，所有的买方用户划分为买方用户群。用户的电力供需如表 5 – 11 所示，当可售电量大于需求量时，售电方在向购电方出售电力后，将剩余功率以"余电上网"的价格出售给大电网。当分布式发电方的售电量小于微电网内用户的需求量时，微电网内的购电方在微电网内购电后，还另需从大电网购买一定电量才能满足需求。

表 5 – 11　　　　　　　　　　**总售电量和总购电量**　　　　　　　单位：kW·h

交易时段	总售电量	总购电量	微电网净输出电量
1	4450.18	3065.22	1384.96
2	4480.19	2723.56	1756.63
3	4488.99	2212.78	2276.21
4	3138.58	2408.44	730.14
5	1668.07	2309.57	− 641.50
6	2930.82	2343.21	587.61
7	3763.22	2481.02	1282.20
8	6426.02	3533.33	2892.69
9	8976.16	4082.61	4893.55
10	11458.64	5622.88	5835.76
11	11772.41	7599.60	4172.81
12	12981.25	9612.30	3368.95
13	12814.83	10675.54	2139.29
14	13668.49	11588.36	2080.13
15	4844.42	9559.46	− 4715.04
16	7055.94	10569.46	− 3513.52
17	3565.78	10575.00	− 7009.22
18	1906.39	9602.50	− 7696.11

续表

交易时段	总售电量	总购电量	微电网净输出电量
19	1930.07	7642.50	-5712.43
20	2246.25	5723.50	-3477.25
21	1356.77	6684.22	-5327.45
22	2183.12	6611.60	-4428.48
23	2314.80	5558.75	-3243.95
24	1676.09	4503.90	-2827.81

5.4.2 仿真结果

仿真结果主要包括两个部分：第一部分是对所构建的基于贝叶斯纳什均衡理论的微电网市场交易定价策略的计算结果；第二部分是对联盟区块链技术的性能测试。本书通过这两个部分的仿真结果对所构建的微电网市场交易模型进行分析和评价。

5.4.2.1 价格机制仿真结果

本书采用粒子群优化算法对所构建的市场交易定价策略模型进行仿真计算，从而确定该微电网市场交易的最优价格及售电用户的最优效益。各时段售电方售电电量如图 5-7 所示，可以看出，微电网内部售电过程中，先将风电进行交易和消纳，当风电不足时，再将光伏发电进行交易和输出。各时段最优电价计算结果如图 5-8 所示。由图 5-8 可以看出，各时段电价均介于余电网上价格和大电网购电电价之间。在电力需求量大的时段，即微电网分布式发电不能满足内部用户负荷需求时，电价相应提高。当微电网内部供过于求时，由于考虑分布式能源的就地消纳以及减少大电网交互等方面的原则，则以折中的固定电价进行交易，以促进该微电网内部风电和光伏的就地消纳。

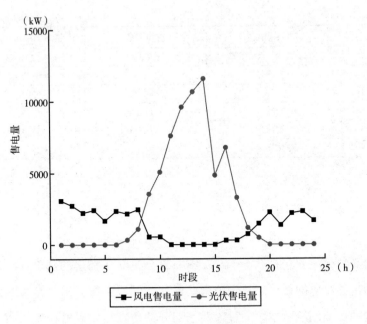

图 5-7 各时段交易量

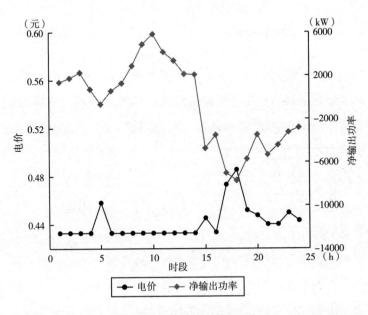

图 5-8 模型仿真计算电价

因此，对于购电用户，利用本书提出的方法计算所需的购电费用与大电网购电的费用如图 5-9 所示。对于售电用户，利用本书提出的模型计算所得效益与"余电上网"的效益如图 5-10 所示。从购电费用结果可以看出，相比于电网购电方式，购电用户通过本书提出的方法所需的购电费用更低。从售电效益结果可以发现，售电用户通过"余电上网"的方式获得的售电效益远小于通过本书所提方法获得的售电效益。综上，由模型的仿真结果可以看出，微电网的去中心化交易省去了中间商的利润，增加了售电方的收益，降低了购电方的购电费用。同时，本书所构建的微电网市场交易模型可以有效解决分布式发电的就地消纳问题，减少对大电网的冲击。

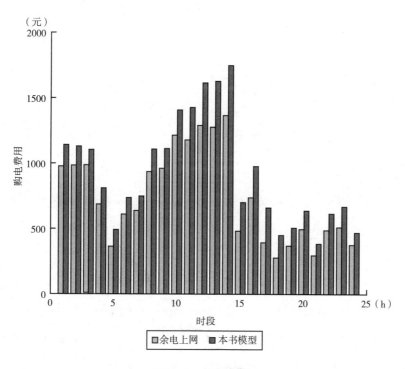

图 5-9　购电费用

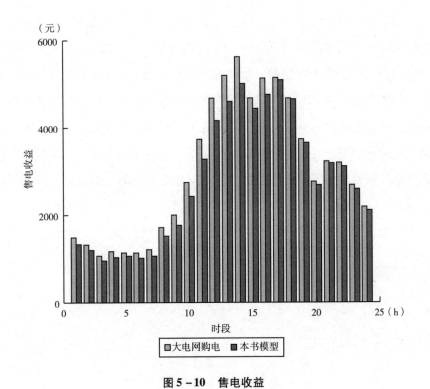

图 5－10　售电收益

5.4.2.2　联盟区块链性能评估

该部分使用 Hyperledger Caliper（Caliper 程序源代码获取网址为：https：//github. com/hyperledger/caliper）对所提交易模型的事务处理能力进行测试。

一个区块链网络的事务处理能力主要体现在两个方面：吞吐量（Throughput）和延时（Latency）。Throughput 是衡量一个区块链解决方案的重要参考指标，该指标用来表征区块链网络在一定时间内能够处理事务的数量，一般使用每秒事务量（transaction per second，tps）来表示每秒钟能够处理的事务数量。Latency 指区块链系统处理一笔事务所需要花费的时间，在性能测试中请求的延时包括一个事务从客户端到区块链网络并得到网络响应的时间，一般使用毫秒（ms）来作为该指标的单位。

Caliper 通过预设的 http 端口向区块链网络发送事务请求，通过不断地增加发送率（send rate）来观察所提模型 Throughput 和 Latency 的变化趋势。测试结果如表 5-12 所示。

表 5-12 Caliper 的加压测试结果

测试	名称	成功次数	失败次数	发送率（tps）	最大延时（ms）	最小延时（ms）	平均延时（ms）	吞吐量（tps）
1	query	1000	0	50	120	20	70	50
2	query	1000	0	100	160	10	90	100
3	query	1000	0	110	200	30	140	110
4	query	1000	0	120	350	0	170	120
5	query	1000	0	130	440	30	210	130
6	query	1000	0	140	460	90	240	140
7	query	1000	0	150	490	140	280	146
8	query	1000	0	160	580	230	330	151
9	query	1000	0	170	660	260	340	170
10	query	1000	0	180	560	250	380	178
11	query	1000	0	190	600	170	390	186
12	query	1000	0	200	740	240	410	195
13	query	1000	0	210	860	220	420	204
14	query	1000	0	220	930	290	530	206
15	query	1000	0	230	860	460	580	221
16	query	1000	0	240	990	470	660	230
17	query	1000	0	250	1350	400	700	243
18	query	1000	0	260	1460	780	1040	259
19	query	1000	0	270	1990	810	1560	268
20	query	1000	0	280	3820	860	1890	275
21	query	1000	0	290	4740	880	2990	273
22	query	1000	0	300	5210	1100	3380	273
23	query	1000	0	340	7120	1800	4510	274
24	query	1000	0	380	8450	2190	5620	277
25	query	1000	0	420	8970	2360	6230	276
26	query	1000	0	460	10230	2740	7640	279

为了更直观地观察所提模型的事务处理能力（transaction process ability），从表格中抽取我们所关注的 Throughput 以及 Average latency 两项指标的数据，绘制成图 5-11。

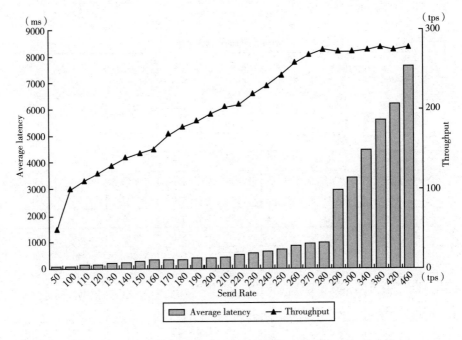

图 5-11　性能表现

我们分别对 Throughput 和 Average latency 进行分析。Average latency 的情况在图 5-11 中以柱状图的形式展示。通过观察可得，随着 send rate 的增加，所提模型的 Average latency 整体呈现上升趋势，但在 280tps 以前，Average latency 增长比较平缓，基本维持在 1000ms 一下。而当 send rate 超过 280tps 时，呈剧烈增长趋势。

Throughput 以折线图的形式在图 5-11 中展示。通过观察可得，随着 send rate 的增加，所提模型的 Throughput 整体呈上升趋势，但到达饱和点 280tps 时，Throughput 不再增长，维持在一个稳定的状态。

为了评估本书基于联盟区块链技术模型的性能，我们将本书所提模型与基于比特币的交易模型和基于以太坊的交易模型进行对比，对比结果如图 5 – 12 所示。从图 5 – 12 中可以看出，无论 send rate 处于什么水平，所提模型的 Throughput 都要明显优于传统的区块链交易模型。

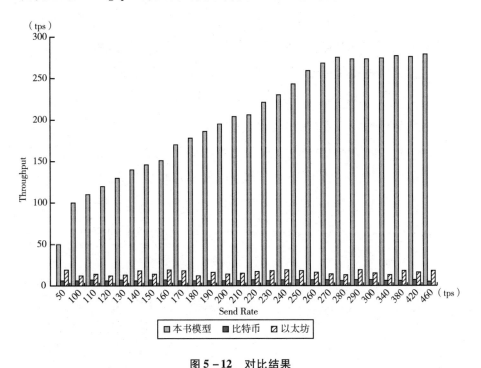

图 5 – 12　对比结果

5.5　本章小结

本章研究将纳什均衡理论与联盟区块链技术相结合，构建了微电网市场交易模型，并对交易场景进行仿真。分析结果如下所述。

（1）基于纳什均衡理论的定价策略可用于微电网市场电力交易中。在一个交易周期内，相比于电网购电方式，该定价策略可以使购电用户的购电费用降低约 5%。而对于售电用户，相比使用"光伏余电上网"策略的方式，使用该定价策略可提高发电单元的售电收益。

（2）微电网市场内部电力交易可以很好地解决分布式能源的就地消纳问题。购电用户先购买微电网内的电力，当微电网内分布式发电的输出功率不能满足购电用户需求时，则向大电网购买所缺功率。这种方式可以减少微电网与大电网之间的电力交互，降低微电网对大电网的冲击。

（3）区块链技术具有防篡改特性，可以有效防止微电网电力市场交易中的数据和信息被篡改，确保微电网市场用户数据和交易信息的安全性，保证了微电网电力市场交易过程的公平性和透明性。

（4）一个区块链网络的事务处理能力主要体现在两个方面：Throughput和 Latency。本书所提的基于联盟区块链的交易模型在 Throughput 和 Latency 评价方面均优于比特币和以太坊。换句话说，相比于比特币和以太坊，使用联盟链技术的微电网市场交易模型在处理交易的速度和能力上均大幅提高。

但是本书设置的仿真场景比较简单，处理的交易事务量较小，因此，此模式能否在实际应用场景中也有良好的表现，需要进一步验证。

第 6 章

基于并网型微电网市场交易的
电力经济调度优化管理

微电网市场与微电网调度系统的协调运行可以降低微电网发电及运营成本，从而提高能源利用效率。然而，目前电力市场和调度机构的运作方式相对独立，甚至相较于电力交易市场，调度机构规模更大更超前。但是调度机构与电力交易市场无法相互协调运行势必会影响电力资源的合理配置，增加运行成本，不利于推动电力交易市场化，甚至导致资源的浪费。因此，如何实现调度运行和市场交易有机衔接，促进电力系统安全运行和市场有效运行，对未来电力行业发展至关重要。

微电网的调度系统是保证其在并网和离网运行模式下可靠、安全及经济运行的保障。协调电力交易与调度的关系，更多的应是电力调度机构转变观念，改进调度方式，在满足交易需求下，保证微电网系统安全运行，从而实现调度机构与交易市场的无缝衔接。而对于一个微电网，为了发电的经济公平性，大部分场景的需求是出力的平均。但是，不同的分布式电源，以及不同分布式能源之间的发电成本是不同的，因此需要根据不同分布式电源的成本来调整出力。且很多分布式电源本身还存在着发电功率的约束，以及电网整体的负荷均衡约束等。为了处理这些问题，可以借助松鼠算法实现微电网运行的经济性最优。

本章主要内容如下所述。

（1）针对第 5 章所构建的微电网交易市场的交易情况进行分析，了解交易市场的规划和需求。

（2）提出的基于市场交易下的微电网系统经济优化模型，考虑了微电网市场购电方的功率需求以及分布式能源发电供给。以微电网运行总收益最高为目标函数，在满足微电网系统运行的等式约束和不等式约束的基础上，采用松鼠优化算法对所建立的微电网并网状态的优化模型进行求解，然后确定在并网运行方式下各分布式电源的最佳出力，在确保安全的前提下，达到在调度周期内微电网系统运行的成本最低，实现微电网的优化运行。

（3）提出了使用松鼠优化算法来求解基于市场交易下的微电网系统经济优化模型，以实现高效、稳定的微电网能量优化管理目的。

6.1　并网型微电网经济运行优化管理研究现状

微电网的概念最早由罗塞尔（Lasseter）提出，是指由相互连接的负载和分布式能源、电力电子装置等构成的新型电力系统，其作为电网的单一可控实体，既可以连接电网并网运行，也可以在紧急情况下切断连接，作为一个独立系统孤岛运行（Lasseter，2002；Hatziargyriou，2007）。微电网可以提高电力输送的可靠性和电能质量。微电网的分布式发电系统可以整合多种可再生能源，解决分布式能源的就地消纳问题，降低输配电及运行管理成本，还能够减少碳排放、降低环境污染、促进智能电网的实现。此外，微电网可以通过需求响应实时的市场价格来提高能效，增加电力市场灵活性（Parhizi，2015）。微电网运行管理功能如图 6-1 所示。

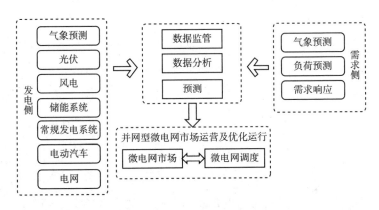

图 6-1　微电网运行管理功能

并网型微电网可以接入大量的分布式能源，可以有效解决分布式能源并网问题。此外，其可在紧急情况下切断电网连接进入孤岛模式，能够作为可靠供电的有力保障，因此，并网型微电网是迈向智能电网的关键组成部分（马艺玮，2015）。2017 年国家发展改革委和能源局联合印发的《推进并网型微电网建设试行办法》提出，微电网应适应分布式能源和电动汽车等高速发展，满足多元化接入与个性化需求。随着微电网装机容量逐年增长，微电网经济运行及优化管理也引起了国内外学者的兴趣，相关研究成果显著增加。由于并网型微电网是连接到主电网，负载需求可以一直得到满足，因此，并网型微电网的经济运行优化管理的目标是通过协调控制方法在考虑电压和功率流的要求的同时，对分布式能源进行调度，提高风能和太阳能的利用率，并对分布式发电竞价和市场价格进行探究从而实现电力收益最大化。

6.1.1　分布式能源技术

微电网中的分布式能源（distributed energy resources，DER）主要包括：内燃机（internal combustion，IC）、微型燃气轮机（microturbine）、光伏发电（photovoltaic power generation，PV）、风力发电（wind power generation）、燃料电池（fuel cell，FC）等，如表 6 - 1 所示（Huang，2008；Mariam，2016）。可再生能源发电在微电网中的应用研究引起了国内外学者广泛关注。曼努埃拉（Manuela，2013）提出了一种用于城市地区的建筑集成光伏发电系统，该光伏系统可以并网运行也可以切换进入孤岛模式。王（Wang，2009）考察了在微电网中应用微型水力发电系统作为非洲正在进行的各种区域能源计划一部分的可行性，研究指出，即使在微电网供电水平上集成的微型水力发电系统也有潜力为农村社区提供高效服务，并考虑作为未来微电网系统扩展的构件。陈维荣等（2021）提出一种计及需求侧响应的风—光—氢多能互补微电网优化配置方法，研究发现，引入氢能发电系统和考虑需求侧响应后，将自平衡率控制在合理水平，将有效提高微电网经济效益。

表 6 - 1　　　　　　　　微电网主要涉及的分布式能源

项目	光伏	风电	微型水力发电	柴油机
可用性	地理位置相关	地理位置相关	地理位置相关	地理位置相关
输出功率	直流	交流	交流	交流
温室气体排放	无	无	无	较高
是否可控	不可控	不可控	不可控	不可控
典型接口	转换器（直流—直流—交流）	转换器（交流—直流—交流）	同步/感应发电机	无

由于微电网中可再生能源发电机组的波动性，需要有一种稳定的能源来平稳其波动。而微电网孤岛运行模式也使储能系统（energy storage system，ESS）成为微电网系统中不可或缺的一部分。ESS增强了发电、输送和消耗的灵活性，补偿了微电网中分布式能源的不稳定性，大规模ESS提高了公用电网的效率，可以有效保障供电的安全和稳定性。因此，当电网储存的能量超过满足负荷需求量时，使用储能系统将多余电能储存起来，并在高峰时段供应负荷。此外，ESS可通过频率调节提高电能质量，调节电价，为关键负载提供持续的电源，并在紧急情况下保持供电，例如风暴、自然灾害、设备故障等导致的电力中断（Xu，2012）。埃莱亚（Elrayyah，2015）提出了一种集成在微电网中的光伏电源的控制策略，该方法可以在最大功率点中控制微电网光伏连接源，允许其在任何时候都以最大功率点运行，不需要改变控制配置就可以自动实现。张步云等（2020）提出了一个兼顾线路损失的储能系统运行成本模型。

6.1.2 目标函数

微电网经济运行优化管理的目标函数通常由不同的部分组成（Khan，2016）。从单目标问题的角度来看，目前，成本函数已在经济运行优化目标函数中广泛应用，例如总成本最小化，包括燃料成本、维护成本、能源存储、投资、折旧、电力输配送、储备、机组启动等（Jin，2016；Sukumar，2016；Liu，2017），违反承诺和舒适度的成本，误差和负载损失因素（Hemmati，2017；Marzband；2016），优化系统供需（Bendato，2017；杨修宇，2020），传输功率损耗等（Dy，2020；高爽，2019）。另外，考虑系统的复杂性，多目标问题也逐渐受到学者们的关注。许多研究人员将环境污染与成本函数共同作为优化目标（Tabar，2018；Jung，2016；李存斌，2015），该目标函数通常包括微电网组件产生的污染或从主电网购买能量造成的污染。此外，还有部分研究涉及其他多目标问题，例如舒适度与功率损耗（贾艳芳，2018）、电压平衡（赖纪东，2020）、调峰（杨永标，2017）、运行成本（Haddadian，2017）和多指标函数，包括效率和电压指标（Haddadian，2017）、可靠性和损耗（Xiao，2017）、能量存储和总成本（Sanseverino，2017）、能量和功率损耗等（曹南君，2015）。

6.1.3　求解方法

目前，在微电网经济运行优化管理研究中，提出了多种微电网调度规划问题解决方法，主要包括常规的经典方法和启发式方法。常规的经典方法主要分为确定性方法和随机方法，确定性方法包括基于非线性规划的对偶内点法（primal dual interior point method，PDIP）（阳育德，2015）、序列二次规划（sequential quadratic programming，SQP）（渠俊锋，2016）、混合整数线性规划（mixed – integer linear programming，MILP）（Lamedica，2018）、梯度搜索法（gradient search）（Amudha，2014）、二次规划（quadratic programming，QP）和线性规划（linear programming，LP）等（符杨，2014；Hawkes，2009）。MILP 是标准整数规划的改进，它将目标函数和约束函数视为连续的，将一些变量视为整数。该方法在处理电力系统中不同类型的运行约束时更加灵活，与其他确定性算法相比具有更高的计算效率，但是，该方法的主要缺点是不能保证解的可行性和收敛性（Lamedica，2018）。随机方法主要用于处理微电网调度过程中普遍存在的不确定性，包括随机线性规划（Cardoso，2013）、机会约束规划（chance constrained programming，CCP）（Wu，2011）、随机动态规划（stochastic dynamic programming，SDP）（闫丹，2016）、情景树求解方法（Xu，2012）等。

确定性方法以及随机方法均基于数学规则，而启发式算法是将数学规则与一些方法相结合，该方法不依赖于问题条件。相比于其他算法，伴随着计算机技术的迅猛发展，启发式算法的应用也日趋广泛（Jirdehi，2020）。常用于微电网调度的启发式方法包括模拟退火（simulated annealing；SA）（Velik，2014）、重力搜索算法（李鹏，2014）、网格自适应直接搜索（Faisal，2010）。此外，随着启发式优化算法的不断开发，生物启发优化也常用于微电网调度运行研究中，包括遗传算法（genetic algorithm，GA）（Qijun，2015；周开乐，2014）、非支配排序遗传算法（non-dominated sorting genetic algorithms，NSGA）（谭碧飞，2019）、粒子群优化（particle swarm optimization，PSO）（Al-Saedi，2013）、差分进化（differential evolution，DE）（许婷，2016）、免疫算法（immune algorithm，IA）（杨洋，2011）、灰狼算法（grey wolf optimizer，GWO）（Zhang，2019），以及新开发的松鼠搜索算法（squirrel search algorithm，SSA）（Basu，2019；Jain，2018）等。PSO 是求解微电网调度问题最常用的启发式算法。PSO 的原理简单，比较容易实现，与其他优化算法相比，该方法可以在相对较短的计算时间内解决优化问题，但容易陷入局部最优（El-Zonkoly，2011）。GA 可以找到最优解，但通常很难收敛到最优解（Semero，2018）。DE 可以处理非光滑/非凸目标函数的优化问题，该方法具有简单的结构和良好的收敛性能，并且需要很少的鲁棒控制参数，但是计算时间较长（Zare，2016）。常用优化算法的优缺点及适用范围如表 6-2 所示（Parhizi，2015）。

表 6-2　　　　　　　　微电网系统优化运行常用求解算法

方法		特点	缺陷	适用范围
常规经典方法	确定性方法	基于数学规则	复杂性较大	适用于求解小规模问题
	随机方法	需对随机变量进行描述，分析其概率分布要考虑各随机变量的自相关和互相关	在理论上和求解方法上更复杂，常转化成确定性方法进行求解	存在随机变量的规划问题

方法		特点	缺陷	适用范围
启发式方法	遗传算法	原理简单 具有可扩展性，容易与其他算法结合	初始种群的选择有一定的依赖性 参数较多	函数优化 组合优化
	模拟退火	具有一定的鲁棒性	参数难控制	高效地求解非确定性多项式（non-deterministic polynomial，NP）完全问题
	粒子群优化	容易实现 计算时间短	容易陷入局部最优	函数优化、工程应用问题随机优化求解
	差分进化	模型简单 良好的收敛性能	计算时间较长	非光滑/非凸目标函数的优化问题
	免疫算法	具有种群多样性 并行分布式搜索机制	收敛性较差	求解 TSP 问题（traveling salesman problem）、参数优化
	灰狼优化	新型的群体智能算法 简单高效	容易陷入局部最优	参数估计、函数优化、多目标
	松鼠搜索	保持种群多样性 更强的探索能力 较好的鲁棒性和收敛性	解决高度复杂问题时容易陷入局部最优	低维优化问题 在处理高维的大规模优化问题时需将算法进行扩展

6.2　微电网系统经济运行优化分析

本章构建了微电网在并网运行模式下经济调度模型，该优化调度模型需根据市场交易需求进行调度优化。并网模式下，微电网系统中加入了大电网，可以实现与大电网双向的能量交换，且系统的能量管理策略较独立运行模式下更复杂。

因此，考虑如下调度方案：微电网与大电网同样进行双向的能量交互，优先使用分布式能源，大电网和蓄电池享有同等的优先级。微电网内的蓄电池与大电网享有同等的优先级，此时考虑了大电网不同时段的电价对能量调度的影响，即在低电价时段，当分布式能源发电功率大于负荷需求时，先满足微电网内部负荷需求，优先将剩余廉价的电能储存在蓄电池中；当发电功率小于负荷需求时，优先利用大电网供电。在高电价时段，当分布式能源发电功率大于负荷需求时，优先向大电网输送电能；当发电功率小于负荷需求时，优先利用蓄电池供电。

6.2.1 并网型微电网结构及系统运行主体概述

6.2.1.1 并网型微电网结构概述

本章所要分析的并网型微电网结构，微电网系统中包括风机、光伏两种清洁能源发电单元以及一组蓄电池储能系统。本章设置微电网系统接入大电网的电压等级为 10kV，具体微电网系统建模如图 6 - 2 所示。

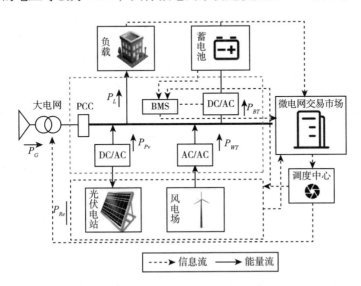

图 6 - 2 微电网系统构成示意

图 6 – 2 中的并网型微电网发电侧包含一个光伏电站、一个风电场、一个铅蓄电池储能系统。电池管理系统（battery management system，BMS）用于测量、监控和保护蓄电池。分布式微源的发电会受到环境因素的影响而不够稳定，因此，分布式可再生发电装置一般视为不可调度单元。微电网交易市场负责收集用户交易需求以及整合发电侧发电信息，并进行交易匹配，完成微电网市场内部交易。调度中心接收微电网市场调度请求，制订最优的能量调度方案，确定适宜的供电组合并进行能量调度。

6.2.1.2　并网型微电网系统运行主体概述

并网型微电网优化运行管理的主体主要包括：发电侧（光伏发电系统、风力发电系统、储能系统）、需求侧（微电网用户）以及大电网。对于分布式发电系统的光伏发电系统和风力发电系统的具体描述和分析，已在第 4 章进行了详细介绍，微电网用户主体分析已在第 5 章进行了详细介绍，因此这里不再进行赘述，只对储能系统进行详细描述，具体介绍如下所述。

储能系统是微电网中的重要组成单元之一，虽然其自身不能够为微电网系统产生电能，但是，随时存储和释放所存储的电能突破了传统电力系统时间和空间的界限，可以实现在电能充足时存储电能，电能不足时释放电能，增加了微电网系统的灵活性和可靠性。发展至今，已经有多种不同类型的储能装置，例如蓄电池储能、锂电池储能、飞轮储能等，本书选用最具代表性的蓄电池作为微电网系统的储能元件。描述储能元件有一个重要的参数——荷电状态（state of charge，SOC），它指的是储能系统的剩余容量和额定容量的比值，如式（6 – 1）所示：

$$S_{ess,t} = \frac{E_t}{E_{ess,rate}} \tag{6 – 1}$$

其中，$S_{ess,t}$ 表示 t 时刻蓄电池储能的荷电状态值，为了避免蓄电池储能发生过充和过放现象，影响蓄电池储能的使用寿命，还需对其荷电状态设置一个范围，通常设置为蓄电池储能系统额定容量的 20%～80%，使蓄电池储能系统在该允许范围内运行，保证其使用周期更长。蓄电池储能系统中 $E_{ess,rate}$ 表示其额定容量；E_t 表示 t 时刻蓄电池储能系统的剩余容量，其值与蓄电池储能运行情况有关，由上一个时刻的充放电状态和下一个时刻的充放电状态共同决定，如式（6-2）所示：

$$E_t = B_{ch,t} \times (E_{t-1} + P_{ch,t} \times \eta_{ch}) + B_{dis,t} \times \left(E_{t-1} - \frac{P_{dis,t}}{\eta_{dis}} \right) \qquad (6-2)$$

其中，η_{ch}、η_{dis} 分别表示蓄电池储能系统的充放电效率，一般取 95%；$P_{ch,t}$、$P_{dis,t}$ 分别表示蓄电池储能系统的充放电功率；$B_{ch,t}$、$B_{dis,t}$ 分别表示充能系统的充放电状态，为 0～1 变量，且二者存在互斥约束，即不可以既充电又放电。

　　除了蓄电池储能系统的荷电状态，蓄电池储能系统的使用寿命也是储能系统建模的重要组成部分，对蓄电池储能系统寿命的准确评估直接影响其成本计算。蓄电池储能系统运行工况直接影响其使用寿命，尤其是蓄电池储能的放电深度（DOD）对其寿命的影响，它一般也是用来衡量蓄电池储能系统使用寿命的主要参数。

$$N_{life,t} = A - 3278 D_{od,t}^4 - B D_{od,t}^3 + C D_{od,t}^2 + D D_{od,t} + E \qquad (6-3)$$

其中，$N_{life,t}$ 表示 t 时刻储能的循环寿命，值得注意的是，储能的使用寿命并不是一个固定值或一个规律变化量，而与每个时刻的放电深度紧密联系；放电深度用 $D_{od,t}$ 表示，为储能的放电量与额定容量之比，即 1-$Sess$，t；A～E 都是拟合参数。

6.2.2　微电网能量调度策略与优化模型

　　本章微电网的能量优化调度主要依据微电网市场交易需求进行，例如，分布式能源出力预测值、购电需求、交易电价、余电上网电价、大电网电价等信息，经过优化之后合理地安排各分布式能源和蓄电池在各个时间段的出力，使微电网系统的运行成本最低。一个依据微电网市场交易需求而进行优化调度的调度机构要完成运行周期内的能量调度须获得以下信息：（1）运行周期内交易订单的购电需求和售电量；（2）运行周期内各分布式能源出力预测值；（3）各分布式能源的费用函数、出力限值及相关参数；（4）蓄电池的初始荷电状态及相关参数。

本优化模型的目标是在满足微电网市场交易需求的前提下，保证微电网系统的最优经济运行，通过对微电网内可调度的分布式能源和蓄电池进行合理调度，从而降低微电网的运行成本，提高系统效率。设定微电网能量调度的时间分辨率为 1 小时，根据光伏和风电的日前预测数据，在满足各约束条件下，合理地调度可控单元，制订下一日 24 小时的发电计划。微电网的运行成本包括光伏、风力发电产生的运行维护成本、蓄电池充放电产生的运行维护成本，以及与大电网的交易成本。

本章优化调度方案是在满足微电网内部用户需求以及市场交易需求的前提下，设定的两种调度方案：（1）电能可以在微电网与大电网之间双向流动，微电网可以从大电网获得电能，也可以向大电网输送电能，能量优化调度模型在保证充分利用微电网内分布式能源的基础上，相较于大电网，优先使用微电网内的储能装置即蓄电池进行能量调度，即当分布式能源发电功率满足负荷需求且富余时，优先给蓄电池充电；当发电功率无法满足负荷需求时，优先使用蓄电池供电。（2）电能同样是双向流动的，微电网内的蓄电池与大电网享有同等的优先级，并且将考虑蓄电池放电深度对蓄电池的影响，将蓄电池与大电网进行协调。

6.2.2.1 目标函数

所构建的微电网调度优化目标函数如下：

$$C_{sum} = \sum_{i=1}^{24} \left[C_{M,PV(i)} + C_{M,WT(i)} + C_{M,ess(i)} \right] + \sum_{i=1}^{24} \left(C_{buy(i)} - C_{sell(i)} \right)$$

$$(6-4)$$

$$C_{M,PV(i)} = \xi_{M,PV} \times P_{PV(i)} + m_{PV} \times P_{PV(i)} \qquad (6-5)$$

$$C_{M,WT(i)} = \xi_{M,WT} \times P_{WT(i)} + m_{WT} \times P_{PV(i)} \qquad (6-6)$$

$$C_{M,ess(i)} = \xi_{M,ess(i)} \times P_{ess(i)} \qquad (6-7)$$

$$C_{buy(i)} = p_{buy(i)} \times P_{buy(i)} \qquad (6-8)$$

$$C_{sell(i)} = p_{sell(i)} \times P_{sell(i)} \qquad (6-9)$$

$$P_{buy(i)} = P_{L(i)} - P_{DG} - P_{ess(i)} \qquad (6-10)$$

$$P_{sell(i)} = P_{DG} - P_{L(i)} - P_{ess(i)} \qquad (6-11)$$

其中，C_{sum} 为微电网运行总费用；$C_{M,PV(i)}$、$C_{M,WT(i)}$、$C_{M,ess(i)}$ 分别为 i 时刻光伏发电机组、风力发电机组以及储能系统运行过程中所需维护费用；$C_{buy(i)}$ 和 $C_{sell(i)}$ 分别为 i 时刻微电网向大电网的购电费用和余电上网费用。$p_{WT(i)}$ 和 $p_{PV(i)}$ 分别为微电网中光伏和风力发电的余电上网电价，$p_{sell(i)}$ 为微电网向大电网的购电电价和微电网余电上网的电价；$P_{buy(i)}$ 和 $P_{sell(i)}$ 分别为微电网向大电网所购买的功率和微电网将余电上网的功率；$\xi_{M,PV}$、$\xi_{M,WT}$、$\xi_{M,ess(i)}$ 分别为 i 时刻光伏发电、风力发电以及储能系统运行过程中的维护系数；$P_{PV(i)}$ 和 $P_{WT(i)}$ 分别为 i 时刻光伏电池和风力发电机的输出功率；$P_{ess(i)}$ 为 i 时刻储能系统蓄电池的充放电功率。

6.2.2.2 约束条件

微电网运行系统由多种电源组成，对微电网系统中的每个微电源和储能系统实行必要的约束，能够提高微电网系统的经济安全运行性能，实现微电网系统的总运行成本降到最低。微电网运行的约束条件主要分为等式约束和不等式约束，本书主要考虑微电网在运行时各微源的输出功率约束、电网传输功率约束、蓄电池约束和功率平衡约束。

（1）功率平衡约束：

$$P_{PV(i)} + P_{WT(i)} + P_{ess(i)} + P_{buy(i)} - P_{sell(i)} = P_{L(i)} \qquad (6-12)$$

其中，$P_{L(i)}$ 为微电网内 i 时刻的负荷值。

（2）各微源的输出功率约束：

$$P_{PV,\min} \leqslant P_i \leqslant P_{PV,\max} \qquad (6-13)$$

$$P_{WT,\min} \leqslant P_i \leqslant P_{WT,\max} \qquad (6-14)$$

其中，$P_{PV,\min}$、$P_{PV,\max}$ 分别为光伏发电输出功率的上限和下限，$P_{WT,\min}$、$P_{WT,\max}$ 分别为风力发电机输出功率的上限和下限。

（3）电网传输功率约束：

$$P_{buy(i),\min} \leqslant P_{buy(i)} \leqslant P_{buy(i),\max} \qquad (6-15)$$

$$P_{sell(i),\min} \leqslant P_{sell(i)} \leqslant P_{sell(i),\max} \qquad (6-16)$$

其中，$P_{buy(i),\min}$、$P_{buy(i),\max}$ 分别表示微电网需要大电网所输送功率的上限和下限，$P_{sell(i),\min}$、$P_{sell(i),\max}$ 分别为微电网向大电网输送功率的上限和下限。

（4）蓄电池特性及约束：

$$P_{ess,\min} \leqslant P_{ess(i)} \leqslant P_{ess,\max} \qquad (6-17)$$

$$SOC_{\min} \leqslant SOC_i \leqslant SOC_{\max} \qquad (6-18)$$

其中，$P_{ess,\min}$ 和 $P_{ess,\max}$ 分别为蓄电池输出功率的上限和下限；$SOC_{\min}$、$SOC_{\max}$ 分别为蓄电池荷电状态的上限和下限。

6.3 并网型微电网能量优化求解方案

6.3.1 松鼠搜索算法

松鼠搜索算法（squirrel search algorithm，SSA）是 2018 年提出的最

新自然启发优化算法（Zheng，2019）。事实上，飞行松鼠是使用一种特殊的运动方式——滑翔，这种方式允许小型哺乳动物以较小的能量代价就可以快速有效地完成长距离飞行。飞行松鼠可以通过表现出动态觅食行为来优化食物资源，这种智能动态觅食行为是提出松鼠搜索算法的主要原理。

当松鼠开始觅食时，搜寻过程就开始了。在秋天，松鼠通过从一棵树滑行到另一棵树来寻找食物资源。在此过程中，它们改变位置，探索不同的森林区域。天气温暖，它们可以通过大量食用橡子来更快地满足日常能量需求。在满足了每天的能量需求后，它们开始寻找冬天的最佳食物——山核桃。山核桃的储存将有助于它们在极端恶劣的天气下维持能量需求，减少困难的觅食行为，从而增加生存的可能性。到了冬天，森林中叶子覆盖的减少会增加松鼠被捕食的风险，从而使它们变得不那么活跃。在冬季结束时，飞行松鼠再次活跃起来。这是一个重复的过程，直到飞行松鼠生命终止。为简化数学模型，考虑以下典型假设：

（a）落叶森林中有 n 只飞行松鼠，每只分别落于一棵树上；

（b）每只飞行松鼠都通过一种动态的觅食行为来单独寻找食物，并优化食物资源；

（c）落叶森林中只存在三种树——普通树、橡树和山核桃树；

（d）考虑中的森林区域假定包含三棵橡树和一棵山核桃树。

92%的松鼠生活在普通树上，其余的生活在有食物资源的树上。食物资源的数量（number of food source，NFS）可以根据约束 $1 < NFS < n$ 变化。

SSA从飞行松鼠的随机初始位置开始。在三维搜索空间中，一只飞鼠的位置用一个矢量来表示。因此，飞行松鼠可以在一维、二维、三维或超维搜索空间中滑行，并改变它们的位置向量。

6.3.1.1 松鼠搜索算法基本步骤

步骤一：随机初始化。

落叶森林中有 n 只松鼠，第 i 只松鼠的位置可以通过一个矢量来确定。飞行松鼠的位置用以下矩阵表示：

$$FS = \begin{bmatrix} FS_{1,1} & FS_{1,2} & \cdots & FS_{1,d} \\ FS_{2,1} & FS_{2,2} & \cdots & FS_{2,d} \\ \vdots & \vdots & & \vdots \\ FS_{n,1} & FS_{n,2} & \cdots & FS_{n,d} \end{bmatrix} \qquad (6-19)$$

$$FS_{i,j} = FS_{i,L} + U(0,1) \times (FS_{i,U} - FS_{i,L}) \qquad (6-20)$$

其中，$FS_{i,j}$ 是第 i 只松鼠在第 j 维的值，$FS_{i,U}$ 和 $FS_{i,L}$ 是第 j 维的上界和下界，$U(0,1)$ 是在 0 和 1 之间的均匀分布值。

步骤二：适应度评价。

通过将决策变量的值放入用户定义的适应度函数来计算每个飞行松鼠的位置适应度，相应的值存储在以下数组中：

$$f = \begin{bmatrix} f_1(FS_{1,1}, FS_{1,2}, \cdots, FS_{1,d}) \\ f_2(FS_{2,1}, FS_{2,2}, \cdots, FS_{2,d}) \\ \vdots \\ f_n(FS_{n,1}, FS_{n,2}, \cdots, FS_{n,d}) \end{bmatrix} \qquad (6-21)$$

每只飞行松鼠所在位置的适应度描述了它所搜索的食物源的质量，即最佳食物源、正常食物源和无食物源，因此也描述了它们的生存概率。

在存储了每只松鼠的位置的适应度后，数组按升序排序。最小适应值的松鼠停留在山核桃树上，接下来的三只松鼠停留在橡树上，其余的松鼠停留在普通树上。

步骤三：更新位置。

飞行松鼠的觅食行为会受到捕食者的影响，松鼠觅食行为也要根据捕食者的出现概率（P_{dp}）而确定。更新飞行松鼠的位置取决于捕食者（P_{dp}）的出现概率，该概率对更新三种类型的行为有很大影响。

情况1：松鼠向山核桃树移动。

在这种情况下，橡子树上的飞行松鼠移向山核桃树，以保持最佳的食物来源，如式（6-22）所示：

$$FS_{at}^{t+1} = \begin{cases} FS_{at}^{t+1} + d_g \times G_c \times (FS_{ht}^t - FS_{at}^t) & R_1 \geqslant P_{dp} \\ Random\ Location & otherwise \end{cases} \quad (6-22)$$

其中，d_g 是随机滑行距离，R_1 是 [0, 1] 范围内的随机数，FS_{ht}^t 是山核桃树的位置，t 表示当前迭代。滑动常数 G_c 实现全局与局部搜索之间的平衡，经过大量分析论证，G_c 的值通常设为 1.9。

情况2：松鼠向橡树移动。

在这种情况下，正常树上的飞行松鼠移向橡子树以获取食物，如式（6-23）所示：

$$FS_{nt}^{t+1} = \begin{cases} FS_{nt}^t + d_g \times G_c \times (FS_{at}^t - FS_{nt}^t) & R_2 \geqslant P_{dp} \\ Random\ Location & otherwise \end{cases} \quad (6-23)$$

其中，R_2 是 [0, 1] 范围内的随机数。

情况3：松鼠向山核桃树或橡树移动。

在这种情况下，一些位于正常树上的飞行松鼠移向山核桃树或橡树，以恢复它们对食物的需求，如式（6-24）所示：

$$FS_{nt}^{t+1} = \begin{cases} FS_{nt}^t + d_g \times G_c \times (FS_{ht}^t - FS_{nt}^t) & R_3 \geqslant P_{dp} \\ Random\ Location & otherwise \end{cases} \quad (6-24)$$

其中，R_3 是 [0，1] 范围内的随机数。三种情况下，天敌出现的概率均为0.1。

步骤四：检查终止条件。

在每次迭代中，计算飞鼠的适应值并更新位置，直到达到最大迭代次数。

6.3.1.2　松鼠搜索算法中滑翔的空气动力学

松鼠的滑行机制是通过平衡滑行来描述的，升力（L）和阻力（D）之和产生一个合力（R），该合力与飞鼠的重力大小相等且方向相反。因此，R 以恒定速度（V）保证松鼠能够在直线上与水平面成一定角度 φ 下降滑行。升阻比或滑行比定义如下：

$$L/D = 1/\tan\varphi \tag{6-25}$$

升力是空气撞击膜产生了向下的偏转而产生的反推力的结果，定义为：

$$L = \frac{1}{2}\rho C_L V^2 S \tag{6-26}$$

其中，ρ（$=1.204 \mathrm{kg/m^3}$）为空气密度，C_L 为升力系数，V（$=5.25\mathrm{m/s}$）为速度，S（$=0.0154\mathrm{m^2}$）为松鼠膜表面积。

阻力表达式为：

$$D = \frac{1}{2}\rho V^2 S C_D \tag{6-27}$$

其中，C_D 是摩擦阻力系数。

$$\varphi = \arctan(L/D) \tag{6-28}$$

$$d_g = \left(\frac{h_g}{\tan\varphi}\right) \tag{6-29}$$

其中，h_g（$=8\mathrm{m}$）为滑行后发生的高度减少量。C_L 的取值为 [0.675，1.5]

的某个值，C_D 的值为 0.6。

6.3.1.3　松鼠搜索算法中季节变化条件

季节变化会显著影响飞行松鼠的搜索活动，与秋天相比，气候条件迫使它们在冬天不太活跃。在松鼠搜索算法中通过检查季节变化条件，防止算法陷入局部最优。

（1）计算季节常量 S_c。

$$S_c^t = \sqrt{\sum_{z=1}^{3} \sum_{k=1}^{d} \left(FS_{at,k}^{t,z} - FS_{ht,k} \right)^2} \tag{6-30}$$

（2）计算季节变化条件 $S_c^t < S_{\min}$。

$$S_{\min} = \frac{10E^{-6}}{(365)^{2.5t/t_m}} \tag{6-31}$$

其中，t 和 t_m 分别是当前和最大的迭代值。$S_{\min}$ 值影响算法的全局和局部搜索能力，搜索过程的有效平衡可以使用滑动常数 G_c 来维持，也可以使用在迭代过程中自适应地改变 $S_{\min}$ 的值来实现。

（3）如果季节变化条件得到满足，则随机改变普通树上松鼠的位置。

$$FS_{nt,i}^{t+1} = FS_{i,L} + Levy \times \left(FS_{i,U} - FS_{i,L} \right) \tag{6-32}$$

其中，$Levy$ 表示列维分布（Levy distribution），列维飞行（Levy flight）帮助算法寻找远离当前最佳位置的新位置。

$$Levy = 0.01 \times \frac{r_a \times \sigma}{|r_b|^{\frac{1}{\beta}}} \tag{6-33}$$

其中，r_a 和 r_b 是 $[0,1]$ 区间上的两个正态分布随机数，$\beta = 1.5$，σ 计算如下：

$$\sigma = \left(\frac{\Gamma(1+\beta) \times \sin\left(\dfrac{\pi\beta}{2}\right)}{\Gamma\left(\dfrac{1+\beta}{2}\right) \times \beta \times 2^{\frac{\beta-1}{2}}} \right)^{\frac{1}{\beta}} \qquad (6-34)$$

其中，$\Gamma(x) = (x-1)!$。算法停止准则为最大迭代次数 t_m。

6.3.2 基于松鼠搜索算法的并网型微电网能量优化求解

相比于常用的几种优化算法，例如萤火虫算法、遗传算法、蝙蝠算法等，松鼠搜索算法由于包含了季节性监视条件，具有更好且有效的搜索空间探索优势。此外，松鼠搜索算法在森林区域中可以使用三种类型的树，保留了种群多样性，从而增强了算法的探索性，因此，松鼠优化算法更适用于较复杂系统的优化求解。

因此本章提出了基于松鼠搜索算法的能量优化调度方案，并采用松鼠搜索算法，寻找出最优调度结果，使得微电网运行成本最小，具体流程如图 6-3 所示，求解步骤如下：

（1）通过第 3 章分布式发电中光伏和风电输出功率预测方法以及第 4 章微电网用户负荷预测方法对微电网市场交易日当天的光伏输出功率、风电输出功率以及用户负荷进行预测，基于预测信息，对微电网电力进行交易；

（2）对松鼠搜索算法参数及适应度函数进行定义；

（3）计算蓄电池充放电功率以及微网与大电网交互功率；

（4）计算适应度，更换相关变量；

（5）更新松鼠的速度和位置，达到最大迭代次数；

（6）输出最优结果。

本书构建的并网型微电网的能量优化调度模型的目标函数是使微电网运行成本最低，因此，构造如下适应度函数：

$$F_{fit} = C_{sum} = \sum_{i=1}^{24} \left[C_{M,PV(i)} + C_{M,WT(i)} + C_{M,ess(i)} \right] + \sum_{i=1}^{24} \left(C_{buy(i)} - C_{sell(i)} \right)$$

$$(6-35)$$

其中，适应度函数即为运行成本之和，适应度函数值越小则说明微电网运行的经济性越高。

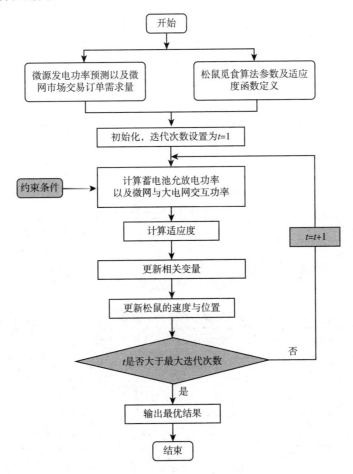

图 6 - 3 基于松鼠优化算法的求解流程

6.4 并网型微电网能量优化模型实例仿真

6.4.1 基础数据

本章研究的微电网系统结构和配置如图 6-2 所示。算例选取我国西北部某微电网，其中，光伏发电系统容量为 15MW，风力发电系统的装机容量为 5MW，蓄电池储能系统容量为 10MW。为了防止蓄电池的过充与过放，蓄电池 SOC 的取值范围为 15%~95%，优化周期初始 SOC 状态为 60%。分布式单元基本参数如表 6-3 所示，储能系统基本参数如表 6-4 所示。

表 6-3 微电网系统分布式能源基本参数

分布式单元	装机容量（MW）	单位功率运维成本（元/kW）
光伏	15	0.0296
风机	5	0.0096

表 6-4 微电网蓄电池储能系统参数

参数	数值	参数	数值
类型	铅蓄电池储能	最大充放电功率（MW）	10
最大允许荷电状态（%）	95	充电效率（%）	95
最小允许荷电状态（%）	15	放电效率（%）	15
最大放电深度（%）	80	运维费用系数/(元/kW·h)	0.06

光伏和发电预测已在第 3 章详细介绍，负荷预测在第 4 章进行了详细介绍，本章基于第 5 章所构建的微电网市场交易模型的运行结果，将所提能量调度管理方案进行验证。图 6-4 展示了算例当天的用户负荷情况，图 6-5 展示了分布式发电中光伏发电的输出功率情况，图 6-6 展示了分

布式发电中风力发电的输出功率情况，图6-7展示了微电网市场交易中的电价波动情况。

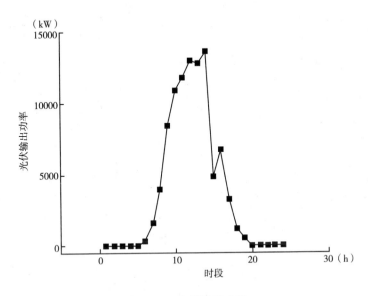

图6-4 光伏输出功率

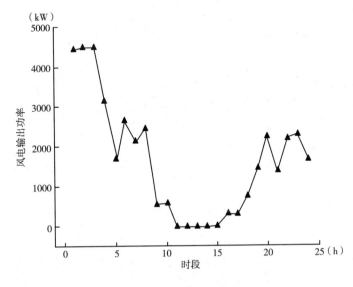

图6-5 风电输出功率

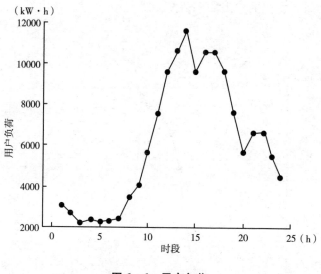

图6-6 用户负荷

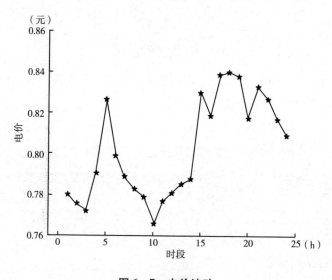

图6-7 电价波动

负值过剩功率表示分布式发电供不应求，此时，供应赤字需要从主电网买电或者电池供电补偿。正值过剩功率表示分布式发电供过于求，此时，过剩功率可以卖给大电网或者存储到电池中以实现功率平衡的目的。

6.4.2　仿真结果

本书提出的松鼠搜索算法对两种并网型微电网能量优化方案进行求解，并对仿真结果进行分析。图 6-8 为方案一的微电网能量优化调度曲线。

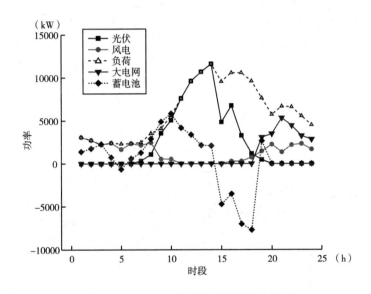

图 6-8　方案一微电网能量优化调度曲线

根据方案一的仿真结果，该微电网运行总成本为 23863.0 元，微电网中分布式能源光伏和风电的出力分别为 92971.5kW 和 39126kW，蓄电池的充放电功率为 59619.9kW，向大电网买电 33737kW。由图 6-8 调度优化结果可以看出，在 0~4 时、6~14 时，微电网中分布式能源发电功率大于微电网内部负荷要求，因此，在满足约束条件和内部负荷需求的情况下，优先给蓄电池充电，当蓄电池 SOC_{max} 约束或是净负荷大于其额定充电功率的情况下，将剩余电量卖给大电网。在微电网中分布式能源不能满足微电网内部负荷需求时，例如 5 时、15~23 时，优先利用蓄电池给微电网供电，当蓄电池达到 SOC_{min} 或净负荷超过蓄电池额定放电功率时，将向大电网购电。

一般来说，蓄电池长期运行的每日放电深度越深，蓄电池寿命越短，放电深度越浅，蓄电池寿命越长。浅循环放电有利于延长蓄电池寿命。蓄电池浅循环运行，有两个明显的优点：第一，蓄电池一般有较长的循环寿命；第二，蓄电池经常保有较多的备用安时容量，使分布式发电系统的供电保证率更高。因此，方案二考虑到电池放电深度对电池寿命的影响，并且储能系统和大电网有同样的优先级，则优化调度结果如图 6-9 所示。

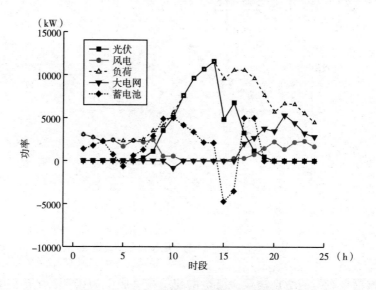

图 6-9 方案二微电网能量优化调度曲线

根据方案二的仿真结果，该微电网运行总成本为 23865.4 元，微电网中分布式能源光伏和风电的出力分别为 92971.5kW 和 39126kW，蓄电池的充放电功率为 51435.2kW，向大电网买电 27791.5kW，向大电网售电 835.7kW。由图 6-9 的调度优化结果可以看出，在 0～4 时、6～14 时，微电网中分布式能源发电功率大于微电网内部负荷要求，因此，在满足约束条件和内部负荷需求的情况下，优先给蓄电池充电，当蓄电池 SOC_{max} 约束或是净负荷大于其额定充电功率的情况下，将剩余电量卖给大电网。例如，在 10 时，微电网在满足内部负荷需求和蓄电池约束的前提下，将余电出售给大电网。在微电网中分布式能源不能满足微电网内部负荷需求时，例如 5 时、17~23 时，优先利用蓄电池给微电网供电，当蓄电池达到 SOC_{min} 或净负荷超过蓄电池额定放电功率时，方案二考虑到蓄电池放电深度对电池寿命和维护的影响，将放电深度控制在 50% 以内，多出部分向大电网购电。

虽然两种调度方案的优化结果，总成本大约相同，但是方案二考虑到放电深度对电池寿命和维护的影响，相比于方案一，方案二可以使蓄电池保持在中等循环放电以下，可以降低蓄电池的维护费用，提高蓄电池的寿命。

6.5　本章小结

为促进微电网交易市场发展，提高微电网电力交易市场与电力调度机构的协同效率，本章梳理了微电网调度运行的原则和特点，构建了微电网市场交易下的并网型微电网能量优化调度模型。根据微电网市场交易下能源调度运行的目标，利用 MATLAB 软件，采用松鼠搜索算法分别对微电网两种能量调度方案进行算例仿真，仿真结果表明，本书所提的方案二在提高蓄电池寿命和降低维护费用的同时，可有效配合微电网交易市场的运行和调度优化。因此，本书所提优化模型能够为微电网交易市场下能量调度系统的优化运行提供方法支撑和决策依据。

第 7 章

并网型微电网源荷预测及优化运营管理对策建议

并网型微电网运营管理涉及源荷预测、市场交易以及调度等重要环节，电力交易市场环境中的能量调度优化管理需要在电力市场交易情况的指导下，调整内部分布式电源出力，确保微电网安全稳定运行。在满足用户不同形式能量需求的基础上，实现经济利益、能源效益与系统稳定性的统一优化。

本章主要工作如下：

（1）结合本书研究结果，对微电网交易市场与能量调度机构协同发展制订方案及管理建议；

（2）结合本书研究结果，提出了针对并网型微电网交易市场运营及优化运行的配套政策法规体系建设建议。

7.1　并网型微电网一体化运营
管理发展方案及建议

7.1.1　推动能量调度机构与微电网交易市场协同发展

并网型微电网能够促进分布式能源的大量接入，通过公共耦合开关可以实现微电网与大电网的互联。开发和延伸并网型微电网可以提高供电可靠性，减轻环境污染，同时解决可再生能源就地消纳问题，推进传统电网模式走向智能电网。随着电力市场改革的推进，微电网将参与到电力交易和能量调度运行管理中。

传统的微电网交易与调度机构是相对独立的，调度机构几乎是独立存在的部门。相对独立的交易市场和调度机构，无法实时匹配信息，可能会造成资源的浪费。

为推动电力交易市场化，合理配置电力资源，将能量调度机构与微电网交易市场进行耦合，使其无缝对接。微电网市场根据发电侧分布式能源出力预测信息和需求侧微电网用户负荷预测信息，进行交易。然后将交易信息实时传递给调度机构，使调度机构制订最优调度方案，并进行能量调度。因此，将微电网发电侧、需求侧、市场交易以及能量调度机构视为一个整体系统进行规划和研究，将微电网每个环节无缝衔接，从而将数据、信息、能量、交易等及时传递、同步和更新，从而减少资源浪费，节约微电网运营和管理成本，有效提高微电网整体的运行效率。

（1）信息协同。传统的电力系统各个环节和技术部门相互独立，例如预测部门、市场交易机构、调度机构、控制监管部门以及大电网。随着科技的发展，电力系统每个部门和机构都拥有非常成熟的信息技术，每个部门的运作都是高效的。然而，信息泛滥、部门间的传送安全等，使得信息在各机构和部门间如何实时有效传递成为电力系统整体运行优化的一个重点问题。推动信息共享和交互，确保信息在微电网系统各环节有效及时传递，应该推动数据库、数据加密以及区块链技术的发展，在信息实时传递的同时，确保数据和信息的安全性与准确性，确保传递过程的透明化，防止微电网系统各部门因信息传递问题而相互制约从而导致微电网交易市场运营及调度运行效率的降低。

（2）调度协同。并网型微电网交易市场与能量调度机构协同发展的基础是并网型微电网安全稳定运行，因此，能量协同不仅是能量调度系统制订最优供电计划的一个保障，而且对微电网运行控制也起到了积极的作用。能量调度协同要求微电网各个部门每个环节都要做到实时的供需平衡。发电侧分布式发电系统应平衡整合自己的资源，能够实时预测分布式能源发电功率，储能主体也应根据系统目标随时保持充放电准备状态，售电方应根据用户方的负荷需求制订实时售电、供电计划，各部门有效衔接，进行优化调度。

（3）目标协同。微电网系统中各个部门应在信息协同和能量协同的基础上，制定和商议各部门各自的运行和发展目标，同时应共同制定微电网系统整体运行目标，例如运行成本最小化，环境污染最小化，以及收益最大化等。各个部门在确保各自安全稳定运行的前提下，制定各环节的协同机制，从而实现微电网交易市场运营及调度运行整体目标，提高微电网的适用性和价值。

7.1.2　整合微电网主体机构

（1）构建数据分析系统，整合源荷预测机构。

微电网交易市场交易信息的提前发布，以及调度系统规划运行，都是基于微电网中分布式能源出力预测数据以及微电网用户负荷预测数据。准确、快速、及时的预测信息会大大提高微电网市场交易效率，确保调度规划运行安全，避免资源浪费。

本书研究中，由于风电和光伏具有较强的波动性、不确定性和间歇性，而需求侧用户负荷则具有较强的周期性，因此将并网型微电网发电侧风力发电预测与并网型微电网需求侧用户负荷预测过程划分为两个预测系统分别进行。将数据收集后，通过两部分预测系统进行预测，然后进行信息流整合分析，进而构建数据分析系统，提高信息准确率以及传递与分析效率。

（2）推动交易市场与调度协同，整合微电网各主体机构。

目前，微电网市场和调度机构相对独立，两个机构不能有效衔接，会导致资源配置效率较低。因此，推动交易市场体系和调度机构协同，整合数据分析系统，可有效提高微电网运行效率，提高运营成本，如图 7－1 所示。

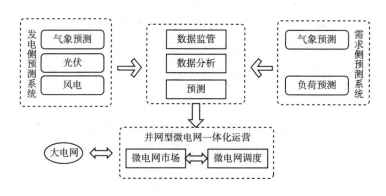

图 7－1　并网型微电网一体化运营

本书研究中，区块链技术可以提高微电网市场交易的安全性和交易过程的透明性，防止微电网市场交易数据和用户信息被篡改，确保市场交易的公开、公平、公正。区块链技术通过智能合约不仅可以构建自动化的、无监管的微电网交易市场，连接调度系统，还可以连接分布式能源出力预测以及用户负荷预测系统，逐步整合各系统，使各项信息快速、安全、及时传递。此外，需要进一步研究先进的传感和测量装置与设备，包括高频动态压力传感器、具有改进的定向元件的继电器和非电传感器等。先进的设备可以帮助各个部门和机构对信息进行准确及时的采集、整理和传送，也对整体部门的整合起到积极作用。

7.2 并网型微电网优化运营管理的配套政策法规体系建设建议

7.2.1 动态调整微电网定价机制

微电网电力交易定价机制会直接影响微电网的运营管理。常见的两种定价机制包括统一定价和依据时间的定价方式。统一定价是指用户对每千瓦时消耗的电力支付固定费用，而与使用时间无关，因此统一定价的价格是不变的。统一费率通常分配给住宅用户，并且这是在没有能够记录分时使用的电表的情况下的唯一选择。统一定价不够灵活，不能体现电力交易市场化，是比较传统的定价方式。依据时间调整的定价方式主要包括分时定价和实时定价。在分时电价中，对不同时段的用电量制定了不同单价的电价。分时电价反映了在此期间发电和供电的平均成本。分时电价通常会根据一天中的不同时间段和季节而进行调整。分时电价广泛用于大型商业和工业客户。分时电价要求电表记录指定时间段内的累计使用量。在实时定价中，电价通常每小时波动，可以反映电力的供需情况，而预测的实时价格通常提前一天或一小时向客户提供。

微电网交易市场下的能量经济调度优化运行管理，希望政府能够给予更多的自由度，采用实时定价方式，可以有效反映微电网内的电力供需情况，及时调整交易策略和调度计划。微电网内部交易采用灵活的定价方式可以满足购电成本最低，实现经济调度管理目标，从而创造更多利润，解决分布式能源就地消纳问题，因此，微电网交易市场可以推行实时定价机制，以提高微电网市场灵活性，增加交易主体自主性。

7.2.2　建设灵活的市场模式

目前，常用的电力交易市场模式主要有 P2P 分散市场模式、集中市场模式以及分布式市场模式。P2P 能源交易市场没有中间运营商或集中管理者，是交易主体间在没有集中监管的情况下就一定数量的能源和价格直接进行协商并完成签约交易。集中市场模式是指集中监管机构与每一个用户进行联系，然后根据整体市场信息以及从用户处收集到的信息，集中监管机构直接决定市场电力的价格和分配，从而决定用户的电力输入和输出。集中市场模式的目标是最大化整个经济市场的总体福利，包括发电商的福利和消费者福利。集中监管机构可以将社会福利最大化作为目标函数。在集中市场模式下，市场主体的运营状态由集中监管机构直接控制，从而减少了发电商发电和用户消费模式的不确定性。然而，随着涉及的分布式发电规模的增加，集中管理系统的计算和通信负担急剧增加。此外，集中监管机构的直接控制会降低市场主体间的隐私保护以及自主性。

而分布式市场模式结合了集中市场和 P2P 分散市场的特点，在分布式市场中，集中监管机构通常通过发送定价信号来间接影响市场交易主体，而不是直接控制市场交易主体的购买/售卖行为和其设备的运行状态。相比于完全分散市场模式，分布式市场仍然涉及一个集中监管机构，可以更好地协调市场交易主体的交易行为。相比于集中市场，分布式市场通常只需要参与市场交易的市场主体提供部分信息，并且不直接控制其设备，因此，分布式市场模式下，市场交易主体可以获得更好的隐私保护和自主权。

促进分布式能源的就地消纳，电力交易市场化是关键。2017 年 11 月，国家发展改革委、国家能源局联合印发《关于开展分布式发电市场化交易试点的通知》，显示出了国家对推动分布式能源市场化交易发展的态度。构建灵活的微电网电力交易市场，让微电网内所有的用户和发电方可以进行自主交易，从而提高整个微电网系统的效率，进而促进用户和发电企业双方的经济效益。

7.2.3　推进激励政策实施

适当的政府激励措施可以推进分布式能源的部署，促进微电网发展。可再生能源和分布式发电在中国的能源安全和经济发展中发挥着越来越重要的战略作用。2012 ~ 2013 年，太阳能光伏和风力发电系统的开发迅速增加。中国超过 20% 的发电量来自可再生能源和分布式能源发电系统。中国政府已采取措施鼓励大规模开发和部署可再生能源，以实现到 2020 年非化石能源在总能源结构中占比 15% 的目标。

到 2020 年，可再生能源在能源消费中的比例将大幅增加。对可再生能源的开发和高效利用是中国提高非化石能源在能源结构中占比的关键。可再生能源发电将成为中国整个电力系统的重要来源。并网型微电网涉及多种可再生能源技术，可以整合多种分布式能源，其开发和部署可以有效推动分布式发电的发展，提高分布式能源的利用率。从 2015 年国家能源局发布的《关于推进新能源微电网示范项目建设的指导意见》可以看出，国家将大力推动微电网技术的发展，使其推进分布式能源开发和利用。但是如果没有足够的激励政策，加快部署微电网的目标将无法实现。

因此在微电网的运行优化管理中，应该积极推行和实施相关激励政策，以鼓励微电网的发展。

（1）适度调整税收优惠。

2020 年财政部、税务总局以及国家发展改革委联合印发《关于延续西部大开发企业所得税政策的公告》，公告指出，将对建设在西部地区的鼓励类产业企业减免税率。目前，针对微电网相关企业，可在财政和税收方面给予一定的优惠，设置相应的补贴标准。此外，还可以给予一定的技术支持和奖励，以此鼓励和推动微电网的部署和发展，推动微电网产业化进程。

（2）加大微电网相关技术研发支持。

准确的微电网发电侧分布式发电预测和需求侧用户负荷预测可以提高微电网市场交易效率，帮助制订合理的供电计划，因此，应积极开发和推进准确率高、泛化性强的预测模型来对发电和负荷进行预测。区块链技术可以作为微电网去中心化交易的有力支撑，可以确保电力交易过程的安全，同时，智能合约技术可以自动化执行任务，可有效降低微电网运营成本。此外，整合微电网交易市场与调度机构，使其在信息、能量等方面系统运作，也需要区块链等先进技术的支持。对于调度系统来说，准确合理的供电计划是确保微电网稳定性的前提条件。因此，开发鲁棒性强的优化调度模型对电力调度机构至关重要。

因此，应加大对分布式发电技术、控制技术、运行优化、蓄电池、预测等方面的技术投入，在借鉴和吸收国外先进技术的基础上，加大自主研发力度和资金投入，推动可再生能源技术发展，加快微电网的部署，提高微电网运行管理的效率，从而提高资源优化配置，减少资源浪费，降低环境污染。

7.3 本章小结

本章根据微电网交易市场的现状及存在的问题，微电网能量经济调度优化运行管理机制以及调度管理的主要内容，结合并网型微电网交易市场和微电网能量调度优化运行的研究结果，给出了微电网交易市场与能量调度机构协同发展的方案及建议。

（1）推动能量调度机构配合微电网交易市场协同发展。首先，微电网市场根据分布式能源出力预测信息和微电网用户负荷预测信息，进行日前交易，然后将交易信息实时传递给能量调度机构，使能量调度机构进行日前调度优化，做到预测系统、交易系统及调度系统无缝衔接，实现实时信息共享，促进微电网系统高效运行。其次，整合微电网各部门，构建微电网部门一体化。使用大数据技术和区块链技术，建立自动化的、无监管的微电网交易市场，连接调度系统，连接分布式能源出力预测和用户负荷预测系统，逐步整合各系统，使各项信息快速、安全、及时传递。

（2）并网型微电网交易市场运营及优化运行的配套政策法规体系建设建议。从多个方面提出了并网型微电网交易市场运营及优化运行的配套政策法规体系建设建议，包括动态调整微电网定价机制、建设灵活的市场模式，以及推进激励政策实施等。

参 考 文 献

[1] 曹南君. 含分布式电源的配电网功率损耗及无功优化研究 [D]. 沈阳：东北大学，2015.

[2] 陈皓勇，王秀丽，王锡凡，等. 拍卖理论及其在电力市场竞价设计中的应用 [J]. 电力系统自动化，2003 (4)：17-23，32.

[3] 陈民铀，朱博，徐瑞林，等. 基于混合智能技术的微电网剩余负荷超短期预测 [J]. 电力自动化设备，2012，32 (5)：13-18.

[4] 陈维荣，傅王璇，韩莹，等. 计及需求侧的风—光—氢多能互补微电网优化配置 [J]. 西南交通大学学报，2021，56 (3)：10. DOI：10. 3969/j. issn. 0258-2724. 20200163.

[5] 陈政. 准集中统一电力市场模式或利于社会福利最大化 [N]. 中国能源报，2020-06-08 (004).

[6] 崔洋，孙银川，常倬林. 短期太阳能光伏发电预测方法研究进展 [J]. 资源科学，2013，35 (7)：1474-1481.

[7] 刁勤华，林济座，倪以信. 博弈论及其在电力市场中的应用 [J]. 电力系统自动化，2001，25 (1)：19-23.

[8] 丁明，徐宁舟. 基于马尔可夫链的光伏发电系统输出功率短期预测方法 [J]. 电网技术，2011，35 (1)：152-157.

[9] 丁世飞, 齐丙娟, 谭红艳. 支持向量机理论与算法研究综述 [J]. 电子科技大学学报, 2011, 40 (1): 2-10.

[10] 段其昌, 曾勇, 黄大伟, 等. 基于扩展记忆粒子群-支持向量回归的短期电力负荷预测 [J]. 电力系统保护与控制, 2012, 40 (2): 40-44.

[11] 冯·贝塔朗菲. 一般系统论基础、发展和应用 [M]. 北京: 清华大学出版社, 1987: 6.

[12] 符杨, 蒋一鎏, 李振坤, 等. 计及可平移负荷的微网经济优化调度 [J]. 中国电机工程学报, 2014, 34 (16): 2612-2620.

[13] 高爽, 盛万兴, 徐斌, 等. 含分布式光伏的多级变压交直流混合配电网经济性评估 [J]. 电网技术, 2019, 43 (5): 1520-1528.

[14] 郭佳. 并网型光伏电站发电功率与其主气象影响因子相关性分析 [D]. 北京: 华北电力大学, 2013.

[15] 韩旭. 能源互联网条件下微网运营优化及综合评估模型研究 [D]. 北京: 华北电力大学, 2018.

[16] 黄青平. 基于随机森林的电力系统短期负荷预测研究 [D]. 北京: 华北电力大学, 2018.

[17] 嵇灵, 牛东晓, 汪鹏. 基于相似日聚类和贝叶斯神经网络的光伏发电功率预测研究 [J]. 中国管理科学, 2015, 23 (3): 118-122.

[18] 贾艳芳, 易灵芝, 李胜兵. 基于多目标分子动理论的楼宇负荷用电调度优化 [J]. 电网技术, 2018, 42 (5): 1549-1555.

[19] 赖纪东, 谢天月, 苏建徽, 等. 基于粒子群优化算法的孤岛微电网电压不平衡补偿协调控制 [J]. 电力系统自动化, 2020, 44 (16): 121-141.

[20] 李存斌, 张建业, 李鹏. 考虑成本、排污及风险的微电网运营多目标优化模型 [J]. 中国电机工程学报, 2015, 35 (5): 1051-1058.

［21］李鹏，徐伟娜，周泽远，等．基于改进万有引力搜索算法的微网优化运行［J］．中国电机工程学报，2014，34（19）：3073 - 3079.

［22］李正茂，张峰，梁军，等．含电热联合系统的微电网运行优化［J］．中国电机工程学报，2015，35（14）：3569 - 3576.

［23］罗建春，晁勤，罗洪，等．基于 LVQ—GA BP 神经网络光伏电站出力短期预测［J］．电力系统保护与控制，2014（13）：89 - 94.

［24］马艺玮，杨苹，王月武，等．微电网典型特征及关键技术［J］．电力系统自动化，2015（8）：168 - 175.

［25］孟仕雨，孙伟卿，韩冬，等．支持现货市场的分布式电力交易机制设计与实现［J］．电力系统保护与控制，2020，48（7）：151 - 158.

［26］缪惠宇．微网中并网接口优化运行及其关键技术研究［D］．南京：东南大学，2019.

［27］彭春华，钱锟，闫俊丽．新能源并网环境下发电侧微分演化博弈竞价策略［J］．电网技术，2019，43（6）：2002 - 2010.

［28］钱政，裴岩，曹利宵，等．风电功率预测方法综述［J］．高电压技术，2016，42（4）：1047 - 1060.

［29］秦金磊，孙文强，李整，等．基于区块链和改进型拍卖算法的微电网电能交易方法［J］．电力自动化设备，2020，40（8）：2 - 10.

［30］渠俊锋．基于序列二次规划算法的电力系统综合无功优化［D］．郑州：郑州大学，2016.

［31］孙文渝，徐成贤，朱德通．最优化方法［M］．北京：高等教育出版社，2004：186 - 196.

［32］谭碧飞，陈皓勇，梁子鹏，等．基于协同 NSGA Ⅱ 的微电网随机多目标经济调度［J］．高电压技术，2019，45（10）：3130 - 3139.

［33］王程，刘念，成敏杨，等．基于 Stackelberg 博弈的光伏用户群优化定价模型［J］．电力系统自动化，2017，41（12）：146 - 153.

[34] 王守相, 张娜. 基于灰色神经网络组合模型的光伏短期出力预测 [J]. 电力系统自动化, 2012, 36 (19): 37-41.

[35] 吴界辰, 艾欣, 胡俊杰, 等. 面向智能园区多产消者能量管理的对等模型 (P2P) 建模与优化运行 [J]. 电网技术, 2020, 44 (1): 52-61.

[36] 吴雄, 王秀丽, 刘世民, 等. 微电网能量管理系统研究综述 [J]. 电力自动化设备, 2014, 34 (10): 7-14.

[37] 肖谦, 陈政, 朱宗耀, 等. 适应分布式发电交易的分散式电力市场探讨 [J]. 电力系统自动化, 2020, 44 (1): 208-218.

[38] 肖云鹏, 王锡凡, 王秀丽. 面向高比例可再生能源的电力市场研究综述 [J]. 中国电机工程学报, 2018, 38 (3): 663-674.

[39] 许婷. 基于差分进化算法的微网环保经济调度研究 [D]. 天津: 天津大学, 2016.

[40] 薛磊. 基于区块链技术的光伏型微电网交易体系研究 [D]. 成都: 电子科技大学, 2018.

[41] 闫丹. 微电网动态环境经济调度研究 [D]. 北京: 华北电力大学, 2016.

[42] 阳育德, 龚利武, 韦化. 大规模电网分层分区无功优化 [J]. 电网技术, 2015, 39 (6): 1617-1622.

[43] 杨刚. 微网综合控制关键技术研究及应用 [D]. 北京: 华北电力大学, 2016.

[44] 杨修宇, 穆钢, 柴国峰, 等. 考虑灵活性供需平衡的源—储—网一体化规划方法 [J]. 电网技术, 2020, 44 (9): 3238-3246.

[45] 杨洋. 微电网能量管理机制与控制体系的完善 [D]. 上海: 上海交通大学, 2011.

[46] 杨永标, 于建成, 李奕杰, 等. 含光伏和蓄能的冷热电联供系

统调峰调蓄优化调度 [J]. 电力系统自动化, 2017, 41 (6): 6-12, 29.

[47] 袁超. 短期电力负荷混合预测模型研究 [D]. 兰州: 兰州大学, 2015.

[48] 袁勇, 王飞跃. 区块链技术发展现状与展望 [J]. 自动化学报, 2016, 42 (4): 481-494.

[49] 张步云, 王晋宁, 梁定康, 等. 采用一致性算法的自治微电网群分布式储能优化控制策略 [J]. 电网技术, 2020, 44 (5): 1705-1713.

[50] 张学清, 梁军, 张熙, 等. 基于样本熵和极端学习机的超短期风电功率组合预测模型 [J]. 中国电机工程学报, 2013, 33 (25): 33-40.

[51] 张延福. 基于改进支持向量机的微电网负荷预测研究 [D]. 大庆: 东北石油大学, 2016.

[52] 张宇馨. 微网环境下的电力交易机制研究 [D]. 成都: 电子科技大学, 2018.

[53] 赵武, 王珂, 秦鸿鑫. 开放式服务创新动态演进及协同机制研究 [J]. 科学学研究, 2016, 34 (8): 1232-1243.

[54] 周开乐, 沈超, 丁帅, 等. 基于遗传算法的微电网负荷优化分配 [J]. 中国管理科学, 2014, 22 (3): 68-73.

[55] 邹小燕, 张新华. 基于社会福利最大化的电力市场双边竞价机制设计 [J]. 系统工程理论与实践, 2009, 29 (1): 44-54.

[56] Aasim, Singh S N, Mohapatra A. Repeated wavelet transform based ARIMA model for very short term wind speed forecasting [J]. Renewable Energy, 2019, 136: 758-768.

[57] Ahl A, Yarime M, Tanaka K, et al. Review of blockchain based distributed energy: Implications for institutional development [J]. Renewable and

Sustainable Energy Reviews, 2019, 107: 200 – 211.

[58] Akay D, Atak M. Grey prediction with rolling mechanism for electricity demand forecasting of Turkey [J]. Energy, 2007, 32 (9): 1670 – 1675.

[59] Alam M R, St Hilaire M, Kunz T. Peer to peer energy trading among smart homes [J]. Applied Energy, 2019, 238: 1434 – 1443.

[60] Almeida M P, Perpinan O, Narvarte L. PV power forecast using a nonparametric PV model [J]. Solar Energy, 2015, 115: 354 – 368.

[61] Almonacid F, Rus C, Hontoria L, et al. Characterisation of PV CIS module by artificial neural networks: A comparative study with other methods [J]. Renewable Energy, 2010, 35 (5): 973 – 980.

[62] Al Saedi W, Lachowicz S W, Habibi D, et al. Power flow control in grid connected microgrid operation using Particle Swarm Optimization under variable load conditions [J]. International Journal of Electrical Power & Energy Systems, 2013, 49: 76 – 85.

[63] Amudha A, Rajan C C A. Integrating gradient search, logistic regression and artificial neural network for profit based unit commitment [J]. International Journal of Computational Intelligence Systems, 2014, 7 (1 – 6): 90 – 104.

[64] Antonanzas J, Osorio N, Escobar R, et al. Review of photovoltaic power forecasting [J]. Solar Energy, 2016, 136: 78 – 111.

[65] Ba Dri A, Ameli Z, Birjandi A M. Application of Artificial Neural Networks and Fuzzy logic Methods for Short Term Load Forecasting [J]. Energy Procedia, 2012, 14: 1883 – 1888.

[66] Bacher P, Madsen H, Nielsen H A. Online short term solar power forecasting [J]. Solar Energy, 2009, 83 (10): 1772 – 1783.

[67] Bahrami S, Toulabi M, Ranjbar S, et al. A decentralized energy

management framework for energy hubs in dynamic pricing markets [J]. Transactions on Smart Grid, 2018, 9 (6): 6780 – 6792.

[68] Baroche T, Pinson P, Latimier R L G, et al. Exogenous cost allocation in peer to peer electricity markets [J]. IEEE Transactions on Power Systems, 2019, 34 (4): 2553 – 2564.

[69] Basu M. Squirrel search algorithm for multi region combined heat and power economic dispatch incorporating renewable energy sources [J]. Energy, 2019, 182: 296 – 305.

[70] Bendato I, Bonfiglio A, Brignone M, et al. Definition and on field validation of a microgrid energy management system to manage load and renewables uncertainties and system operator requirements [J]. Electric Power Systems Research, 2017, 146: 349 – 361.

[71] Box GEP, Jenkins G. Time series analysis: Forecasting and control [M]. Holden Day, Incorporated; 1990: 238 – 242.

[72] Breiman L. Random Forests [J]. Machine Learning, 2001, 45 (1): 5 – 32.

[73] Cardoso G, Stadler M, Siddiqui A, et al. Microgrid reliability modeling and battery scheduling using stochastic linear programming [J]. Electric Power Systems Research, 2013, 103 (10): 61 – 69.

[74] Cheng W Y Y, Liu Y, Bourgeois A J, et al. Short term wind forecast of adata assimilation/weather forecasting system with wind turbine anemometer measurement assimilation [J]. Renew Energy, 2017, 107: 340 – 351.

[75] Cintuglu M H, Martin H, Mohammed O A. Real time implementation of multiagent based game theory reverse auction model for microgrid market operation [J]. IEEE Transactions on Smart Grid, 2017, 6 (2): 1064 – 1072.

[76] Dedinec A, Filiposka S, Dedinec A, et al. Deep belief network

based electricity load forecasting: An analysis of Macedonian case [J]. Energy, 2016: 1688 – 1700.

[77] Deng J L. Control Problems of Grey Systems [J]. Systems & Control Letters, 1982, 1 (5): 288 – 294.

[78] Dixon R K, Mcgowan E, Onysko G, et al. US energy conservation and efficiency policies: Challenges and opportunities [J]. Energy Policy, 2010, 38 (11): 6398 – 6408.

[79] Dotoli M, Epicoco N, Falagario M, et al. A Nash equilibrium simulation model for the competitiveness evaluation of the auction based day ahead electricity market [J]. Computers in Industry, 2014, 65 (4): 774 – 785.

[80] Dy A, Tsb B, Sm C, et al. A novel objective function with artificial ecosystem based optimization for relieving the mismatching power loss of large scale photovoltaic array [J]. Energy Conversion and Management, 2020, 225: 1 – 18.

[81] Elrayyah A, Sozer Y, Elbuluk M. Microgrid connected PV based sources: A novel autonomous control method for maintaining maximum power [J]. IEEE Industry Applications Magazine, 2015, 21 (2): 19 – 29.

[82] El Baz W, Tzscheutschler P, Wagner U. Integration of energy markets in microgrids: A double sided auction with device oriented bidding strategies [J]. Applied Energy, 2019, 241: 625 – 639.

[83] El Zonkoly, A M. Optimal placement of multi distributed generation units including different load models using particle swarm optimisation [J]. IET Generation Transmission & Distribution, 2011, 5 (7): 760 – 771.

[84] Eran R, Kees E. Bouwman, Dick van Dijk. Forecasting day ahead electricity prices: Utilizing hourly prices [J]. Energy Economics, 2015, 50: 227 – 239.

［85］Faisal A, Mohamed, Heikki N. et al. System modelling and online optimal management of MicroGrid using Mesh Adaptive Direct Search ［J］. International Journal of Electrical Power & Energy Systems, 2010, 32 （5）: 398 – 407.

［86］Friedrich L, Afshari A. Short term Forecasting of the Abu Dhabi Electricity Load Using Multiple Weather Variables ［J］. Energy Procedia, 2015, 75: 3014 – 3026.

［87］Gong Li, Jing Shi. On comparing three artificial neural networks for wind speed forecasting ［J］. Applied Energy, 2009, 87 （7）: 2313 – 2320.

［88］Gross G, Galiana F D. Short term load forecasting ［J］. Proceedings of the IEEE, 1987, 75 （12）: 1558 – 1573.

［89］Haddadian H, Noroozian R. Multi microgrids approach for design and operation of future distribution networks based on novel technical indices ［J］. Applied Energy, 2017, 185: 650 – 663.

［90］Haddadian H, Noroozian R. Optimal operation of active distribution systems based on microgrid structure ［J］. Renewable Energy, 2017, 104: 197 – 210.

［91］Halkidi M, Batistakis Y, Vazirgiannis M. On Clustering Validation Techniques ［J］. Journal of Intelligent Information Systems, 2001, 17: 107 – 145.

［92］Hamzacebi C, Es H A. Forecasting the annual electricity consumption of Turkey using an optimized grey model ［J］. Energy, 2014, 70: 165 – 171.

［93］Hatziargyriou N, Asano H, Iravani R, et al. Microgrids ［J］. Power & Energy Magazine IEEE, 2007, 5 （4）: 78 – 94.

［94］Hawkes A D, Leach M A. Modelling high level system design and unit commitment for a microgrid [J]. Applied Energy, 2009, 86 (7 – 8): 1253 – 1265.

[95] Hemmati R, Saboori H, Siano P. Coordinated short term scheduling and long term expansion planning in microgrids incorporating renewable energy resources and energy storage systems [J]. Energy, 2017, 134: 699 – 708.

[96] Hernández L, Baladrón C, Aguiar J M, et al. A study of the relationship between weather variables and electric power demand inside a smart grid/smart world framework [J]. Sensors, 2012, 12: 11571 – 11591.

[97] Hong T, Fan S. Probabilistic electric load forecasting: A tutorial review [J]. International Journal of Forecasting, 2016, 32 (3): 914 – 938.

[98] Hong Y Y, Chang H L, Chiu C S. Hour ahead wind power and speed forecasting using simultaneous perturbation stochastic approximation (SPSA) algorithm and neural network with fuzzy inputs [J]. Energy, 2010, 35 (9): 3870 – 3876.

[99] Huang J, Jiang C, Rong X. A review on distributed energy resources and Micro Grid [J]. Renewable and Sustainable Energy Reviews, 2008, 12 (9): 2472 – 2483.

[100] Jain M, Singh V, Rani A. A novel nature inspired algorithm for optimization: Squirrel search algorithm [J]. Swarm and Evolutionary Computation, 2018: 148 – 175.

[101] Jin X, Mu Y, Jia H, et al. Dynamic economic dispatch of a hybrid energy microgrid considering building based virtual energy storage system [J]. Applied Energy, 2016, 194: 386 – 398.

[102] Jirdehi M A, Tabar V S, Ghassemzadeh S, et al. Different aspects of microgrid management: A comprehensive review [J]. Journal of Energy Storage, 2020, 30: 101457 – 101474.

［103］Jung J, Villaran M. Optimal planning and design of hybrid renewable energy systems for microgrids ［J］. Renewable & Sustainable Energy Reviews, 2016: S1364032116307316.

［104］Kalogirou S A. Artificial neural networks in renewable energy systems applications: A review ［J］. Renewable & Sustainable Energy Reviews, 2001, 5: 373 –401.

［105］Kavasseri R G, Seetharaman K. Day ahead wind speed forecasting using f ARIMA models ［J］. Renewable Energy, 2009, 34 (5): 1388 – 1393.

［106］Khan A A, Naeem M, Iqbal M, et al. A compendium of optimization objectives, constraints, tools and algorithms for energy management in microgrids ［J］. Renewable & Sustainable Energy Reviews, 2016, 58: 1664 – 1683.

［107］Lamedica R, Santini E, Ruvio A, et al. A MILP methodology to optimize sizing of PV Wind renewable energy systems ［J］. Energy, 2018, 165: 385 –398.

［108］Lasseter B. Microgrids ［distributed power generation］ ［C］ // Power Engineering Society Winter Meeting. Columbus, Ohio, USA, 2002: 305 – 308.

［109］Lasseter R, Akhil A, Marmay C, et al. Integration of distributed energy resources: The CERTS microgrid concept ［EB/OL］. ［2002 – 04 – 01］. http: //certs. lbl. gov/pdf/50829. pdf.

［110］Lei M, Luan S, Jiang C, et al. A review on the forecasting of wind speed and generated power ［J］. Renewable & Sustainable Energy Reviews, 2009, 13 (4): 915 –920.

［111］Li J, Liu Y, Wu L. Optimal operation for community based multi party microgrid in grid connected and islanded modes [J]. IEEE Transactions on Smart Grid, 2018, 9 (2): 756 – 765.

[112] Li S, Wang P, Goel L. Wind Power Forecasting Using Neural Network Ensembles With Feature Selection [J]. IEEE Transactions on Sustainable Energy, 2017, 6 (4): 1447 – 1456.

[113] Li Z, Kang J, Yu R, et al. Consortium Blockchain for Secure Energy Trading in Industrial Internet of Things [J]. IEEE Transactions on Industrial Informatics, 2018, 14 (8): 3690 – 3700.

[114] Liu D, Sun K. Random forest solar power forecast based on classification optimization [J]. Energy, 2019, 187: 115940.

[115] Liu K, Gao F. Scenario adjustable scheduling model with robust constraints for energy intensive corporate microgrid with wind power [J]. Renewable Energy, 2017, 113: 1 – 10.

[116] Liu N, Yu X, Wang C, et al. Energy sharing management for microgrids with PV prosumers: A Stackelberg game approach [J]. IEEE Transactions on Industrial Informatics, 2017: 1088 – 1098.

[117] Liu Y, Wu F F. Prisoner dilemma: generator strategic bidding in electricity markets [J]. IEEE Transactions on Automatic Control, 2007, 52 (6): 1143 – 1149.

[118] Long C, Wu J, Zhou Y, et al. Peer to peer energy sharing through a two stage aggregated battery control in a community Microgrid [J]. Applied Energy, 2018, 226: 261 – 276.

[119] Mamun A A, Sohel M, Mohammad N, et al. A Comprehensive Review of the Load Forecasting Techniques Using Single and Hybrid Predictive Models [J]. IEEE Access, 2020, 8: 134911 – 134939.

[120] Mariam L, Basu M, Conlon M F. Microgrid: Architecture, policy

and future trends [J]. Renewable and Sustainable Energy Reviews, 2016, 64: 477 – 489.

[121] Marzband M, Ghazimirsaeid S S, Uppal H, et al. A real time evaluation of energy management systems for smart hybrid home Microgrids [J]. Electric Power Systems Research, 2016, 143: 624 – 633.

[122] Meng F L, Zeng X J. A Stackelberg game theoretic approach to optimal real time pricing for the smart grid [J]. Soft Computing, 2013, 17 (12): 2365 – 2380.

[123] Mengelkamp E, Gärttner J, Rock K, et al. Designing microgrid energy markets: A case study: The Brooklyn Microgrid [J]. Applied Energy, 2017, 105: 870 – 880.

[124] Mnatsakanyan A, Kennedy S W. A novel demand response model with an application for a virtual power plant [J]. IEEE Transactions on Smart Grid, 2015, 6 (1): 230 – 237.

[125] Mohandes M A, Halawani T O, Rehman S. Hussain. Support vector machines for wind speed prediction [J]. Renewable Energy, 2003, 29 (6): 939 – 947.

[126] Morstyn T, Mcculloch M. Multi Class Energy Management for Peer to Peer Energy Trading Driven by Prosumer Preferences [J]. IEEE Transactions on Power Systems, 2019, 34 (5): 4005 – 4014.

[127] Morstyn T, Teytelboym A, Mcculloch M D. Bilateral contract networks for peer to peer energy trading [J]. IEEE Transactions on Smart Grid, 2018, 10 (2): 2026 – 2035.

[128] M. Sechilariu, B. Wang, and F. Locment. Building integrated photovoltaic system with energy storage and smart grid communication [J]. IEEE Transactions on Industrial Electronics, 2013, 60 (4): 1607 – 1618.

［129］Nakamoto S. Bitcoin：A peer to peer electronic cash system ［EB/OL］. https：//bitcoin. org/bitcoin. pdf, October 5, 2018.

［130］Nespoli A, Ogliari E, Leva S, et al. Day ahead photovoltaic forecasting：A comparison of the most effective techniques ［J］. Energies, 2019, 12（9）.

［131］Nguyen S, Peng W, Sokolowski P, et al. Optimizing rooftop photovoltaic distributed generation with battery storage for peer to peer energy trading ［J］. Applied Energy, 2018, 228：2567－2580.

［132］Niu D, Wang Y, Wu D D. Power load forecasting using support vector machine and ant colony optimization ［J］. Expert Systems with Applications, 2010, 37（3）：2531－2539.

［133］Niu T, Wang J, Zhang K, et al. Multi step ahead wind speed forecasting based on optimal feature selection and a modified bat algorithm with the cognition strategy ［J］. Renewable Energy, 2018, 118：213－229.

［134］Palensky P, Dietrich D. Demand side management：Demand response, intelligent energy systems, and smart loads ［J］. IEEE Transactions on Industrial Informatics, 2011, 7（3）：381－388.

［135］Parhizi S, Lotfi H, Khodaei A, et al. State of the art in research on microgrids：A review ［J］. IEEE Access, 2015, 3：890－925.

［136］Pelland S, Galanis G, Kallos G. Solar and photovoltaic forecasting through post processing of the global environmental multiscale numerical weather prediction model ［J］. Progress in Photovoltaics Research & Applications, 2013（21）：284－296.

［137］Perez R, Kivalov S, Schlemmer J, et al. Validation of short and medium term operational solar radiation forecasts in the US ［J］. Solar Energy, 2010, 84（12）：2161－2172.

[138] Qijun Deng. System modeling and optimization of microgrid using genetic algorithm [J]. Energy & Energy Conservation, 2015, 1: 540 – 544.

[139] Rahimiyan M, Mashhadi H R. Supplier's optimal bidding strategy in electricity pay as bid auction: Comparison of the Q learning and a model based approach [J]. Electric Power Systems Research, 2008, 78 (1): 165 – 175.

[140] Rathnayaka A J D, Potdar V M, Dillon T S, et al. A methodology to find influential prosumers in prosumer community groups [J]. IEEE transactions on industrial informatics, 2013, 10 (1): 706 – 713.

[141] Raza M Q, Khosravi A. A review on artificial intelligence based load demand forecasting techniques for smart grid and buildings [J]. Renewable and Sustainable Energy Reviews, 2015, 50: 1352 – 1372.

[142] Raza M Q, Nadarajah M, Ekanayake C. On recent advances in PV output power forecast [J]. Solar Energy, 2016, 136: 125 – 144.

[143] Reikard G. Predicting solar radiation at high resolutions: A comparison of time series forecasts [J]. Solar Energy, 2009, 83 (3): 342 – 349.

[144] Ren Y, Suganthan P N, Srikanth N. Ensemble methods for wind and solar power forecasting—A state of the art review [J]. Renewable & Sustainable Energy Reviews, 2015, 50: 82 – 91.

[145] Rezk H, Tyukhov I, Raupov A. Experimental implementation of meteorological data and photovoltaic solar radiation monitoring system [J]. International Transactions on Electrical Energy Systems, 2015, 25 (12): 3573 – 3585.

[146] Sanseverino E R, Buono L, Di Silvestre M L, et al. A distributed minimum losses optimal power flow for islanded microgrids [J]. Electric Power Systems Research, 2017, 152: 271 – 283.

[147] Sehovac L, Grolinger K. Deep Learning for Load Forecasting:

Sequence to Sequence Recurrent Neural Networks With Attention [J]. IEEE Access, 2020, 8: 36411 – 36426.

[148] Semero Y K, Zhang J, Zheng D, et al. An accurate very short term electric load forecasting model with binary genetic algorithm based feature selection for microgrid applications [J]. Electric Power Components and Systems, 2018, 46 (11 – 15): 1570 – 1579.

[149] Sfetsos A. A comparison of various forecasting techniques applied to mean hourly wind speed time series [J]. Journal of Changzhou University, 2016, 21 (1): 23 – 35.

[150] Shamshad A, Bawadi M A, Hussin W M A W, et al. First and second order Markov chain models for synthetic generation of wind speed time series [J]. Energy, 2005, 30 (5): 693 – 708.

[151] Shi K, Qiao Y, Zhao W, et al. An improved random forest model of short term wind power forecasting to enhance accuracy, efficiency, and robustness [J]. Wind Energy, 2018, 21 (12): 1383 – 1394.

[152] Slootweg J G, Kling W L. The impact of large scale wind power generation on power system oscillations [J]. Electric Power Systems Research, 2003, 67 (1): 9 – 20.

[153] Soman S S, Zareipour H, Malik O, et al. A review of wind power and wind speed forecasting methods with different time horizons [C]// North American Power Symposium (NAPS). Arlington, TX, USA, 2010: 1 – 8.

[154] Song J, Wang J, Lu H. A novel combined model based on advanced optimization algorithm for short term wind speed forecasting [J]. Applied Energy, 2018, 215: 643 – 658.

[155] Sorin E, Bobo L, Pinson P. Consensus based approach to peer to peer electricity markets with product differentiation [J]. IEEE Transactions on

Power Systems, 2018, 1: 1 – 11.

[156] Sukumar S, Mokhlis H, Mekhilef S, et al. Mix mode energy management strategy and battery sizing for economic operation of grid tied microgrid [J]. Energy, 2016, 118: 1322 – 1333.

[157] Tabar V S, Jirdehi M A, Hemmati R. Sustainable planning of hybrid microgrid towards minimizing environmental pollution, operational cost and frequency fluctuations [J]. Journal of Cleaner Production, 2018, 203: 1187 – 1200.

[158] Tascikaraoglu A, Uzunoglu M. A review of combined approaches for prediction of short term wind speed and power [J]. Renewable and Sustainable Energy Reviews, 2014, 34: 243 – 254.

[159] Torres J L, Garcia A, MD Blas, et al. Forecast of hourly average wind speed with ARMA models in Navarre (Spain) [J]. Solar Energy, 2005, 79 (1): 65 – 77.

[160] Vagropoulos S I, Bakirtzis A G. Optimal bidding strategy for electric vehicle aggregators in electricity markets [J]. IEEE Transactions on Power Systems, 2013, 28 (4): 4031 – 4041.

[161] Velik R, Nicolay P. Grid price dependent energy management in microgrids using a modified simulated annealing triple optimizer [J]. Applied Energy, 2014, 130 (5): 384 – 395.

[162] Wang L, et al. A micro hydro power generation system for sustainable microgrid development in rural electrification of Africa [C] //IEEE Power & Energy Society General Meeting. Calgary, AB, Canada, 2009: 1 – 8.

[163] Wu Z, Gu W, Wang R, et al. Economic optimal schedule of CHP microgrid system using chance constrained programming and particle swarm optimization [C] // Power & Energy Society General Meeting. Detroit, MI, USA,

2011: 1 −11.

[164] Xiao F, Ai Q. New modeling framework considering economy, uncertainty, and security for estimating the dynamic interchange capability of multi microgrids [J]. Electric Power Systems Research, 2017, 152: 237 − 248.

[165] Xiao L, Wang J, Dong Y, et al. Combined forecasting models for wind energy forecasting: A case study in China [J]. Renewable & Sustainable Energy Reviews, 2015, 44: 271 −288.

[166] Xiong P P, Dang Y G, Yao T X, et al. Optimal modeling and forecasting of the energy consumption and production in China [J]. Energy, 2014, 77: 623 −634.

[167] Xu Z, Guan X, Jia Q S, et al. Performance analysis and comparison on energy storage devices for smart building energy management [J]. IEEE Transactions on Smart Grid, 2012, 3 (4): 2136 −2147.

[168] Yang H T, Huang C M, Huang Y C, et al. A weather based hybrid method for 1 day ahead hourly forecasting of PV power output [J]. IEEE Transactions on Sustainable Energy, 2014, 5 (3): 917 −926.

[169] Yazdanie M, Densing M, Wokaun A. The nationwide characterization and modeling of local energy systems: Quantifying the role of decentralized generation and energy resources in future communities [J]. Energy Policy, 2018, 118: 516 −533.

[170] Zare M, Niknam T, Azizipanah Abargho R, et al. New stochastic bi objective optimal cost and chance of operation management approach for smart microgrid [J]. IEEE Transactions on Industrial Informatics, 2016, 12 (6): 2031 −2040.

[171] Zervos. Renewables 2020 Global Status Report [R]. France REN

21, 2015.

[172] Zhang C, Wei H, Xie L, et al. Direct interval forecasting of wind speed using radial basis function neural networks in a multi objective optimization framework [J]. Neurocomputing, 2016, 205: 53 –63.

[173] Zhang C, Wu J, Zhou Y, et al. Peer to peer energy trading in a Microgrid [J]. Applied Energy, 2018, 220: 1 –12.

[174] Zhang J, Wang X, Ma L. An optimal power allocation scheme of microgrid using grey wolf optimizer [J]. IEEE Access, 2019, 7: 137608 – 137619.

[175] Zhou Y, Wu J, Long C, et al. State of the art analysis and perspectives for peer to peer energy trading [J]. Engineering, 2020, 6 (7): 739 – 753.

[176] Zhou Y, Wu J, Long C. Evaluation of peer to peer energy sharing mechanisms based on a multiagent simulation framework [J]. Applied Energy, 2018, 222: 993 –1022.

[177] Zhumabekuly Aitzhan N, Svetinovic D. Security and privacy in decentralized energy trading through multi signatures, blockchain and anonymous messaging streams [J]. IEEE Transactions on Dependable and Secure Computing, 2016: 840 –852.